Shorts
소방안전관리자
FINAL
실전 동형모의고사
문제집

2급

서울고시각

**Stand by
Strategy
Satisfaction**

새로운 출제경향에 맞춘 수험서의 완벽서

PREFACE
머리말

　2급 소방안전관리자 기출예상문제집 교재를 시작으로 1급, 3급 소방안전관리자 기출예상문제집을 차례로 출간하면서 힘든 점도 많았지만 그동안 합격했다고 전화주셨던 많은 분들의 감사인사로 보람도 많았습니다. 전화로 문의주신 많은 분들의 질문에 답변을 드리면서 저도 많이 배웠고 잘못 이해한 것을 깨우치는 계기도 되어 다시 한 번 겸손해야겠다는 다짐도 했습니다. 그렇게 일일이 피드백을 주신 많은 분들께 감사드립니다.

　기출예상문제집 난이도가 어렵다고 하시던 분들도 있었는데 지금에 와서는 그런 말씀 하시는 분들이 없네요. 그만큼 시험이 점점 어려워지고 있습니다. 시험장에서 시간이 모자라서 힘들어하시는 분들도 있고, 합격하시는 분들도 점점 줄어들고 있는 상황입니다.

　이런 상황이라면 이제는 문제를 여러 번 풀어보아 문제 푸는 시간을 단축할 수 있도록 도움을 주는 교재가 필요하지 않을까 하는 생각을 했고 그런 생각의 결과물이 이 **FAINAL 실전 동형 모의고사 문제집**입니다.

📔 이 교재의 특징

1. 실제 시험처럼 1과목, 2과목으로 구성하여 시간에 맞춰 풀어볼 수 있도록 구성하였습니다.
2. 어렵고 이해하기 어려운 문제는 **무료 동영상 강의**를 통해 해결할 수 있도록 하였습니다.
3. 합격의 당락을 좌우하는 **2과목 그림 문제와 복잡한 계산문제를 다수 수록**하여 실제 시험에 대비할 수 있도록 구성하였습니다.
4. 이 책 말미에 **OMR답안지 5회분을 수록**하여 실제로 마킹하면서 풀어볼 수 있도록 하였습니다.

　앞으로도 수험생 여러분의 합격에 더욱 일조할 수 있는 교재로 여러분의 성원에 보답하고자 합니다. 하루하루 합격을 향해 정진하고 계시는 수험생 여러분의 합격을 진심으로 기원합니다.

　끝으로 이 책의 출간에 도움을 주신 서울고시각 김용관 회장님과 김용성 사장님 이하 편집부 직원 여러분께 지면으로나마 감사의 말씀을 전합니다.

편저자 씀

GUIDE
시험안내

1. 응시자격
① 2급 소방안전관리자 강습교육 5일(총 40시간)을 수료한 사람
② 관련 학력, 경력, 학경력, 관련자격증 증빙자료를 제출하여 사전심사(5~7일 소요) 받아 승인 받은 사람

2. 시험과목

구분	내용
1과목	소방안전관리자 제도
	소방관계법령(건축관계법령 포함)
	소방학개론
	화기취급감독 및 화재위험작업 허가·관리
	위험물·전기·가스 안전관리
	피난시설, 방화구획 및 방화시설의 관리
	소방시설의 종류 및 기준
	소방시설(소화설비, 경보설비, 피난구조설비)의 구조
2과목	소방시설(소화설비, 경보설비, 피난구조설비)의 점검·실습·평가
	소방계획 수립 이론·실습·평가(화재안전취약자의 피난계획 등 포함)
	자위소방대 및 초기대응체계 구성 등 이론·실습·평가
	작동기능점검표 작성 실습·평가
	응급처치 이론·실습·평가
	소방안전 교육 및 훈련 이론·실습·평가
	화재 시 초기대응 및 피난 실습·평가
	업무수행기록의 작성·유지 실습·평가

3. 시험방법, 시간 및 합격기준

시험 방법	배점	문항수	시간	합격기준
객관식 (선택형, 4지 1선택)	1문제 4점	50문항 (과목별 25문항)	1시간 (60분)	전 과목 평균 70점 이상

※ 기타 응시수수료, 시험일정, 지부연락처는 한국소방안전원 홈페이지를 참고바랍니다(www.kfsi.or.kr).

CONTENTS
차례

- 머리말
- 시험안내
- 차례

문제편

- FINAL 문제 1회 — 002
- FINAL 문제 2회 — 016
- FINAL 문제 3회 — 031
- FINAL 문제 4회 — 044
- FINAL 문제 5회 — 058

정답 및 해설

- FINAL 정답 및 해설 1회 — 072
- FINAL 정답 및 해설 2회 — 098
- FINAL 정답 및 해설 3회 — 124
- FINAL 정답 및 해설 4회 — 150
- FINAL 정답 및 해설 5회 — 176

2024 시험대비

2급
FINAL
동형모의고사문제집

문제편

FINAL 문제 1회

제1과목

01 123

다음은 소방관계법령에 관한 설명으로 옳지 않은 것을 모두 고르면?

㉠ 소방기본법은 화재를 예방·경계하거나 진압하고 화재, 재난·재해, 그 밖의 위급한 상황에서의 구조·구급 활동 등을 통하여 국민의 생명·신체 및 재산을 보호함으로써 공공의 안녕 및 질서 유지와 복리증진에 이바지함을 목적으로 한다.
㉡ 화재예방강화지구란 소방관서장이 화재발생 우려가 크거나 화재가 발생할 경우 피해가 클 것으로 예상되는 지역에 대하여 화재의 예방 및 안전관리를 강화하기 위해 지정·관리하는 지역을 말한다.
㉢ 소방대상물은 건축물, 차량, 바다에서 운행중인 선박, 선박 건조 구조물, 산림, 그 밖의 인공구조물 또는 물건을 말한다.
㉣ 소방관서장은 소화 활동에 지장을 줄 수 있다고 인정되는 물건 등을 보관하는 경우에는 그 날부터 14일 동안 해당 소방관서의 인터넷 홈페이지에 그 사실을 공고해야 한다.
㉤ 단독주택 및 공동주택(아파트 및 기숙사 포함)의 소유자는 소화기 및 단독경보형 감지기를 설치할 수 있다.

① ㉡, ㉢, ㉣, ㉤
② ㉠, ㉤
③ ㉡, ㉢, ㉤
④ ㉡, ㉣

02 123

소방기본법상 벌칙이 가장 무거운 것은?
① 정당한 사유 없이 물의 사용이나 수도의 개폐장치의 사용 또는 조작을 하지 못하게 하거나 방해한 자
② 사람을 구출하는 일 또는 불을 끄거나 불이 번지지 아니하도록 하는 일을 방해한 사람
③ 정당한 사유 없이 소방대의 생활안전활동을 방해한 자
④ 피난명령을 위반한 자

03 123

방염처리된 물품의 사용을 권장할 수 있는 경우가 아닌 것은?
① 의료시설에서 사용하는 침구류
② 노유자 시설에서 사용하는 소파 및 의자
③ 숙박시설에서 사용하는 침구류
④ 종교집회장에서 사용하는 소파 및 의자

04

화재예방강화지구로 설정할 수 있는 지역이 아닌 것은?

① 시장지역
② 목조건물이 밀집한 지역
③ 다중이용업소가 밀집한 지역
④ 소방출동로가 없는 지역

05

다음 중 관리업자가 대행할 수 있는 업무를 모두 고르면?

> ㉠ 피난계획에 관한 사항과 대통령으로 정하는 사항이 포함된 소방계획서의 작성 및 시행
> ㉡ 자위소방대 및 초기대응체계의 구성, 운영 및 교육
> ㉢ 피난시설, 방화구획 및 방화시설의 관리
> ㉣ 소방시설이나 그 밖의 소방관련 시설의 관리

① ㉠, ㉡
② ㉢, ㉣
③ ㉠, ㉡, ㉢
④ ㉠, ㉡, ㉢, ㉣

06

다음 자체점검에 관한 설명 중 옳지 않은 것은?

① 관리업자등은 자체점검을 실시한 경우 점검이 끝난 날부터 10일 이내에 소방시설등 자체점검 실시결과 보고서에 소방시설등 점검표를 첨부하여 관계인에게 제출하여야 한다.
② 자체점검결과를 2년간 보관하여야 한다.
③ 관계인이 점검한 경우 점검인력 배치확인서를 작성한다.
④ 자체점검결과 보고를 마친 관계인은 보고한 날로부터 10일 이내에 소방시설등 자체점검기록표를 작성하여 특정소방대상물의 출입자가 쉽게 볼 수 있는 장소에 30일 이상 게시하여야 한다.

07

아래 소방대상물에 대한 설명으로 옳지 않은 것은? (아래 제시된 사항 외에는 무시함)

용도	근린생활시설		
규모	지상 2층, 지하 1층	연면적	1,450m²
구조	내화구조	건축물 사용 승인일	2015.3.15
소방시설	소화기, 옥내소화전설비, 자동화재탐지설비, 유도등		

① 특정소방대상물이다.
② 종합점검 대상이다.
③ 2급 소방안전관리대상물이다.
④ 매년 3월 말까지 작동점검을 실시하면 된다.

08 ① ② ③

소방시설에 폐쇄·차단 등의 행위를 하여 사람을 상해에 이르게 한 때의 벌칙은?

① 3년 이하의 징역 또는 3천만원 이하의 벌금
② 5년 이하의 징역 또는 5천만원 이하의 벌금
③ 7년 이하의 징역 또는 7천만원 이하의 벌금
④ 10년 이하의 징역 또는 1억원 이하의 벌금

10 ① ② ③

건축에 대한 용어 설명이다. ( ) 안에 들어갈 내용을 알맞게 짝지은 것은?

- (㉠) : 기존 건축물의 전부 또는 일부를 철거하고 그 대지 안에 종전과 같은 규모의 범위에서 건축물을 다시 축조하는 것을 말한다.
- (㉡) : 건축물이 천재지변이나 기타 재해에 의하여 멸실된 경우에 그 대지 안에 종전과 같은 규모의 범위에서 건축물을 다시 축조하는 것을 말한다.

	㉠	㉡
①	개축	재축
②	재축	개축
③	증축	개축
④	재축	증축

09 ① ② ③

다음 중 대수선에 해당하는 것을 모두 고르면?

	내력벽	기둥	보	지붕틀
㉠	20m²	2개	1개	—
㉡	—	3개	—	2개
㉢	30m²	—	2개	—
㉣	—	1개	2개	—

① ㉠, ㉡
② ㉡, ㉢
③ ㉠, ㉢, ㉣
④ ㉠, ㉡, ㉢, ㉣

11 ① ② ③

다음 중 가연물질의 구비조건으로 옳은 것만 고른 것은?

㉠ 활성화에너지의 값이 작아야 한다.
㉡ 산소와 결합할 때 발연량이 작아야 한다.
㉢ 열전도도가 작아야 한다.
㉣ 산소의 친화력이 강해야 한다.
㉤ 비표면적이 큰 물질이어야 한다.

① ㉠, ㉡
② ㉠, ㉡, ㉢
③ ㉠, ㉢, ㉣, ㉤
④ ㉠, ㉡, ㉢, ㉣, ㉤

12

연소의 3요소를 분리하여 소화하는 방법에 해당하지 않는 것은?

① 이산화탄소소화약제로 소화하는 방법
② 촛불을 입으로 불어 끄는 방법
③ 가스밸브를 폐쇄하여 소화하는 방법
④ 할론소화약제로 소화하는 방법

13

다음 〈보기〉에서 설명하는 것은?

> ⑦ 화재 시 열의 이동에 가장 크게 작용하는 열 이동방식
> ⓒ 열에너지를 파장의 형태로 방사
> ⓒ 양지바른 곳에서 햇볕을 쬐면 따뜻한 것

① 대류　　② 전도
③ 복사　　④ 기류

14

아래와 같은 방법으로 불을 소화하였다. 각 소화방법의 연결이 바른 것은?

> ⑦ 주방에서 프라이팬으로 요리하다 불이 붙어 프라이팬 뚜껑을 재빨리 덮었더니 불이 꺼졌다.
> ⓒ 캠프파이어 후 불 속에 넣었던 목재를 꺼냈더니 잠시 후 불이 꺼졌다.

	⑦	ⓒ
①	제거소화	냉각소화
②	질식소화	제거소화
③	억제소화	냉각소화
④	질식소화	냉각소화

15

용접(용단) 작업 시 비산불티의 특성으로 옳은 것만 짝지은 것은?

> ⑦ 용접(용단) 작업 시 수 천개의 비산된 불티 발생
> ⓒ 비산불티는 풍향, 풍속 등에 상관없이 비산거리는 동일
> ⓒ 비산불티는 약 1,600℃ 이상의 고온체이다.
> ② 비산불티는 짧게는 작업과 동시에서부터 수 분 사이, 길게는 수 시간 이후에도 화재가능성이 있다.

① ⑦, ⓒ
② ⑦, ⓒ, ⓒ
③ ⑦, ⓒ, ②
④ ⑦, ⓒ, ⓒ, ②

16

위험물안전관리에 대한 내용 중 옳은 것은?

① 산화성 또는 발화성 등의 성질을 가지는 것을 위험물이라고 한다.
② 유황의 지정수량은 100kg이다.
③ 위험물안전관리자를 해임하면 14일 이내에 관할 소방서장에게 신고해야 한다.
④ 중유는 제6류 위험물에 해당한다.

17

전기 화재의 주요원인으로 옳지 않은 것은?

① 누전차단기의 고장에 의한 발화
② 전선이 무거운 물건 등에 눌렸을 때 단락에 의한 발화
③ 배선 및 전기기계기구 등의 절연으로 인한 발화
④ 멀티콘센트의 허용전류를 초과해서 발생하는 과전류에 의한 발화

18

액화석유가스(LPG)에 대한 설명으로 옳지 않은 것은?

① C_3H_8, C_4H_{10}이 주성분이다.
② 비중은 1.5~2로 누출 시 낮은 곳에 체류한다.
③ 폭발범위는 5~15%이다.
④ 주로 가정용, 공업용, 자동차 연료용으로 사용된다.

19

다음 중 피난시설, 방화구획 및 방화시설의 불법행위 중 폐쇄행위에 해당하는 않는 것은?

① 건축법령에 의거 설치한 피난·방화시설을 화재 시 사용할 수 없도록 폐쇄하는 행위
② 방화문에 고임장치 등 설치 또는 자동폐쇄장치를 제거하여 그 기능을 저해하는 행위
③ 용접, 조적, 쇠창살 등으로 비상(탈출)구의 개방이 불가능하도록 하는 행위
④ 비상구 등에 잠금장치를 설치하여 누구나 쉽게 열 수 없도록 하는 행위

20

다음 중 물분무등소화설비에 해당하지 않는 것은?

① 포소화설비
② 할론소화설비
③ 분말소화설비
④ 스프링클러설비

21

다음 중 자동화재탐지설비의 소방시설 적용기준으로 옳지 않은 것은?

① 교육연구시설로서 연면적 1,500m² 이상
② 업무시설로서 연면적 1,000m² 이상
③ 판매시설로서 연면적 1,000m² 이상
④ 근린생활시설(목욕장 제외)로서 연면적 600m² 이상

22

2개의 옥내소화전설비가 설치된 특정소방대상물에서 동시에 방류할 경우 각 소화전 노즐에서 측정 시 요구되는 정상범위의 방수량과 방수압력에 해당하는 것은?

① 100L/min 이상, 0.8MPa
② 100L/min 이상, 0.17MPa
③ 130L/min 이상, 0.17MPa
④ 130L/min 이상, 0.8MPa

23

지하 1층, 지상 7층인 근린생활시설로 사용되는 ○○건물이 폐쇄형 스프링클러헤드를 사용하는 경우 요구되는 저수량으로 옳은 것은?

① 30개×3.2m³ 이상×20분 이상
② 30개×1.6m³ 이상×20분 이상
③ 20개×1.6m³ 이상×20분 이상
④ 20개×3.2m³ 이상×20분 이상

24 1 2 3

자동화재탐지설비의 음향장치 설치기준으로 옳지 않은 것은?

① 지구음향장치는 소방대상물의 각 부분으로부터 음향장치까지의 수평거리가 25m 이하마다 설치
② 음량은 부착된 음향장치의 중심으로부터 1m 떨어진 위치에서 90dB 이상
③ 공동주택을 제외한 층수가 11층 이상의 특정소방대상물의 2층 이상의 층에서 발화시 발화층 및 직상층에 경보
④ 층수가 16층 이상인 공동주택의 2층 이상의 층에서 발화시 발화층 및 직상 4개층에 경보

25 1 2 3

지하상가에 설치된 비상조명등의 유효 작동시간은?

① 20분 이상
② 30분 이상
③ 40분 이상
④ 60분 이상

제 2 과목

26 1 2 3

다음은 ○○건물의 피난안내도이다. 피난계획을 세울 때 맞지 않는 내용은?

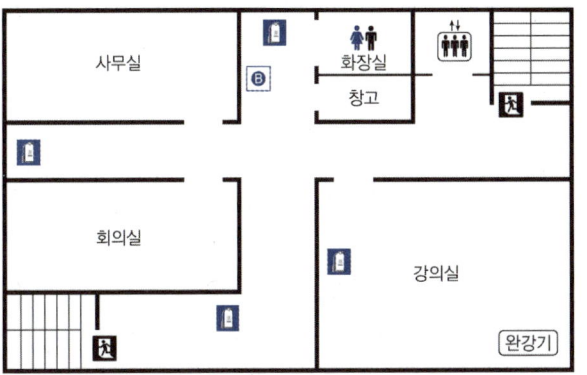

① 피난동선은 양쪽 계단을 이용하여 양 방향으로 대피하도록 계획한다.
② 계단이 연기로 가득하여 대피할 수 없을 경우 완강기를 이용하여 대피하도록 한다.
③ 피난유도선 및 유도등을 따라 대피할 수 있도록 한다.
④ 이동이 불편한 장애인의 경우 엘리베이터를 이용하여 신속히 대피하도록 해야 한다.

27 1 2 3

다음 ㉠에 들어갈 수 없는 것은?

특정소방대상물	소화기구의 능력단위
㉠	해당 용도의 바닥면적 50m² 마다 능력단위 1단위 이상

① 집회장
② 문화재
③ 근린생활시설
④ 장례식장

28 1 2 3

주거용 주방자동소화장치의 점검내용으로 옳지 않은 것은?

① 예비전원시험
② 감지부 시험
③ 알람밸브 확인
④ 약제 저장용기 점검

29 1 2 3

감지기 시험기를 이용하여 감지기의 동작시험을 실시하였으나 감지기가 동작되지 않아 전류전압 측정계로 감지기 회로의 전압을 측정한 결과가 아래 〈사진〉과 같을 경우 옳은 것은?

※감지기의 정격전압은 24V이다.

① 수신기의 전원스위치기가 OFF상태이므로 ON의 위치로 한다.
② 감지기 전압 측정결과 20.32V이므로 회로가 단선되었다.
③ 위와 같은 결과로 보았을 때, 회로도통시험 시 도통시험표시등의 적색등이 점등된다.
④ 정격전압의 80% 이상이므로 감지기 불량의 원인이 될 수 있다.

30

다음 〈보기〉의 스프링클러설비에 대한 설명 중 옳은 것을 모두 고른 것은? (부압식은 제외한다)

> ㉠ 유수검지장치를 기준으로 2차측에 가압수가 있는 방식은 습식이다.
> ㉡ 유수검지장치 등을 기동하기 위한 화재감지기가 필요한 방식은 준비작동식, 일제살수식이다.
> ㉢ 유수검지장치에 전자밸브가 부착되어 있는 방식은 준비작동식, 일제살수식이다.
> ㉣ 시험밸브는 습식방식에만 설치된다.

① ㉠, ㉡, ㉢
② ㉡, ㉢, ㉣
③ ㉠, ㉢, ㉣
④ ㉠, ㉡, ㉢, ㉣

31

아래 〈그림〉의 습식 스프링클러설비 작동순서로 알맞은 것을 고르면?

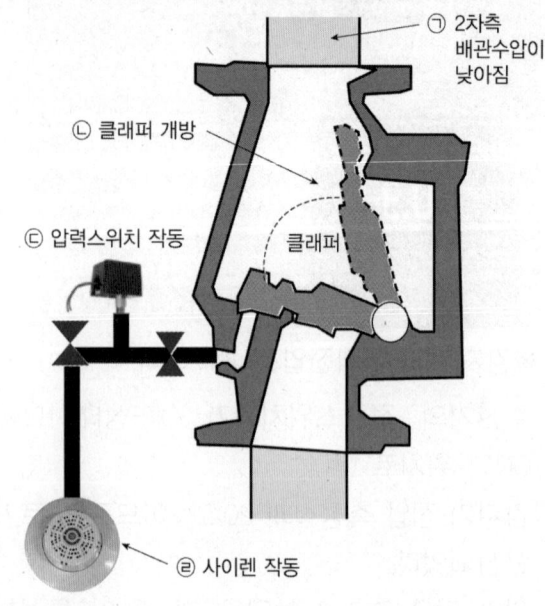

① ㉠ → ㉡ → ㉢ → ㉣
② ㉡ → ㉠ → ㉢ → ㉣
③ ㉢ → ㉠ → ㉡ → ㉣
④ ㉢ → ㉡ → ㉠ → ㉣

32

감지기 부착높이가 3m인 주요구조가 내화구조로 된 특정소방대상물에 설치하는 차동식스포트형 2종 감지기 설치유효면적으로 옳은 것은?

① 90m² ② 70m²
③ 40m² ④ 35m²

33

자동화재탐지설비의 예비전원시험을 아래와 같이 실시하였다. 옳지 않은 것은?

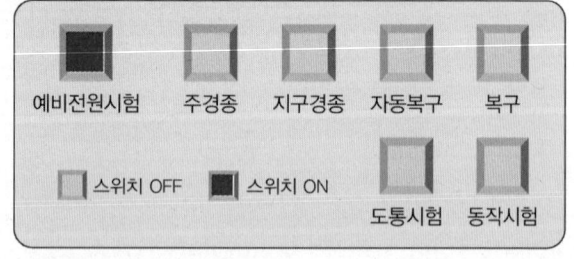

① 예비전원시험스위치를 누른 상태에서 점검해야 한다.
② 전압계의 전압이 낮은 경우 주경종이 울려야 한다.
③ 상용전원이 사고 등으로 정전된 경우 자동적으로 예비전원으로 절환되는지 확인해야 한다.
④ 램프방식인 경우 녹색등이 점등되는지 확인해야 한다.

34 [1][2][3]

○○아파트의 2023년 자체점검계획이다. ☑ 표시가 잘못된 것은?

〈소방안전관리대상물 정보카드〉

명칭	○○아파트(공동주택)
규모/구조	지상 30층, 지하3층
연면적	175,000m²
소방시설	소화기, 옥내소화전설비, 스프링클러설비, 자동화재탐지설비, 제연설비
사용승인일	2017년 3월 14일

〈자체점검계획〉

점검대상	① ☑ 스프링클러설비 □ 물분무등소화설비+5천m² 이상
점검자격	□ 소방안전관리자로 선임된 소방시설관리사 ② ☑ 소방시설관리대행업자
점검시기 결과보고	③ ☑ 작동점검 : 2023.9.25 ④ ☑ 종합점검 : 2023.3.17

35 [1][2][3]

다음 자동화재탐지설비 점검항목 중 배선 항목에 해당하는 것은?

	점검번호	점검항목
①	15-B-002	○ 조작스위치가 정상 위치에 있는지 여부
②	15-B-006	○ 수신기 음향기구의 음량·음색 구별 가능 여부
③	15-H-002	○ 예비전원 성능 적정 및 상용전원 차단 시 예비전원 자동전환 여부
④	15-I-003	○ 수신기 도통시험 회로 정상 여부

36 [1][2][3]

다음 중 스프링클러설비 점검항목 중 펌프작동 항목에 해당하는 것은?

	점검번호	점검항목
①	3-K-011	○ 펌프 작동 여부 확인 표시등 및 음향경보장치 정상작동 여부
②	3-G-011	○ 유수검지장치의 발신이나 기동용 수압개폐장치의 작동에 따른 펌프 기동 확인
③	3-K-012	○ 펌프별 자동·수동 전환스위치 정상작동 여부
④	3-G-001	○ 유수검지에 따른 음향장치 작동 가능 여부

37 [1][2][3]

자위소방대 초기대응체계의 인원편성에 대해 틀린 것은?

① 소방안전관리보조자, 경비근무자 또는 대상물 관리인, 방문자로 편성한다.
② 소방안전관리대상물의 근무자의 근무위치, 근무인원 등을 고려하여 편성한다.
③ 초기대응체계편성 시 1명 이상은 수신반에 근무해야 한다.
④ 휴일 및 야간에 무인경비시스템을 통해 감시하는 경우에는 무인경비회사와 비상연락체계를 구축할 수 있다.

38 ①②③
객석통로의 직선부분의 길이가 24m일 때 객석통로유도등의 설치개수로 맞는 것은?

① 4개　　② 5개
③ 6개　　④ 7개

39 ①②③
유도등의 설치높이로 잘못된 것은?

① 계단통로유도등 - 1m 이하
② 복도통로유도등 - 1m 이하
③ 거실통로유도등 - 1m 이하
④ 피난구유도등 - 1.5m 이상

40 ①②③
전압계가 있는 수신기의 도통시험 결과와 각 층의 동작시험에 따른 음향장치의 음량 크기를 측정한 결과가 다음과 같다. 이에 대한 설명으로 옳은 것은?

〈점검결과〉

경계구역 (층)	수신기 도통시험(V)	수신기 동작시험 시 음량크기
지하1층	6V	90dB
1층	0V	100dB
2층	8V	80dB

① 지하1층의 도통시험 결과는 불량이다.
② 1층 음향장치의 음량 크기는 정상이다.
③ 2층 음향장치의 음량 크기는 정상이다.
④ 1층의 도통시험 결과는 정상이다.

41

다음은 준비작동식 스프링클러설비 감시제어반이다. A감지기만 작동시켰을 때 일어나는 현상으로 옳은 것은?

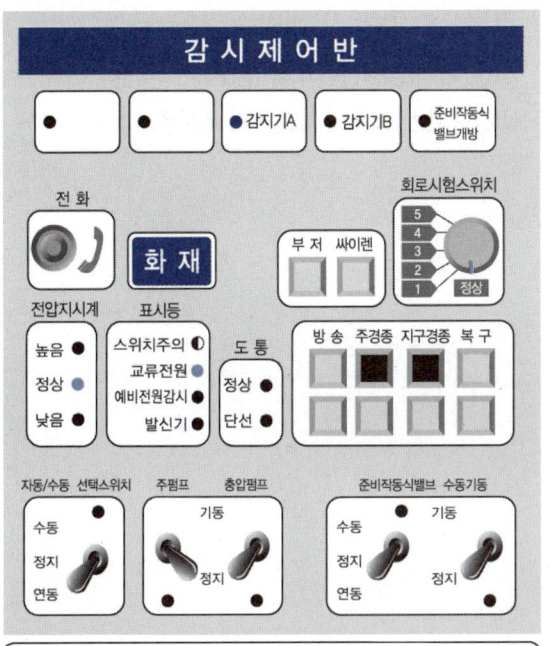

① 주펌프와 충압펌프가 기동되었다.
② 주경종이 울리고 있다.
③ 준비작동식밸브가 개방되었다.
④ 화재표시등이 점등되었다.

42

아래 제시된 〈사진〉을 보고 옳지 않은 것을 고르시오.

 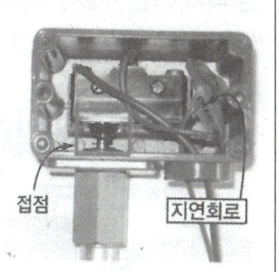

| ㉠ 기동용수압개폐장치의 압력스위치 | ㉡ 습식 스프링클러설비의 압력스위치 |

① ㉠을 통해 옥내소화전설비의 펌프 기동점과 정지점을 조정한다.
② 알람밸브 2차측 압력이 저하되어 클래퍼가 개방되면 설정된 지연 시간 후에 ㉡이 작동된다.
③ ㉠의 Range를 통해 펌프의 기동점을 정한다.
④ ㉡이 작동되면 화재표시등 점등, 소화펌프가 자동으로 기동한다.

43

다음 중 피난기구의 설치장소별 적응성에 대한 내용으로 옳은 것은?

① 다중이용업소의 7층에 간이완강기를 설치하였다.
② 의료시설 5층에 미끄럼대를 설치하였다.
③ 노유자시설 3층에 완강기를 설치하였다.
④ 업무시설 3층에 피난용트랩을 설치하였다.

44

〈감시제어반〉에 표시된 상황이 아래와 같을 때 〈동력제어반〉에서 켜져야 하는 표시등으로 알맞게 짝지은 것은?

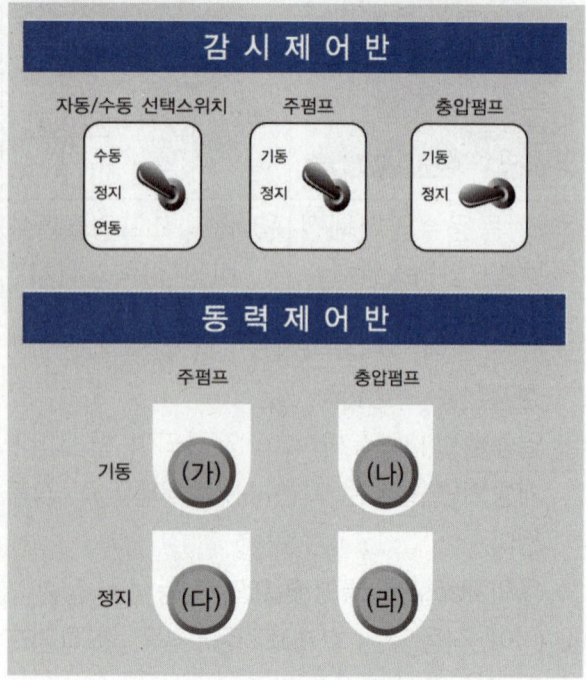

① (가), (나)
② (가), (라)
③ (다), (나)
④ (다), (라)

45

차동식열감지기가 천장형온풍기에 밀접하게 설치되어 오동작이 발생하였다. 올바른 조치가 아닌 것은?

① 감지기 위치를 기류방향 외에 이격설치한다.
② 감지기의 면적을 고려하여 연기감지기로 교체한다.
③ 감지기로 바람이 들어오지 않게 바람의 방향을 막아준다.
④ 정온식 감지기로 교체한다.

46

다음 중 3선식 유도등이 자동으로 점등되는 경우가 아닌 것은?

① 상용전원 정전 시
② 건물 내 일반 안내방송 시
③ 자동화재탐지설비의 감지기 작동 시
④ 비상경보설비의 발신기 작동 시

47

특정소방대상물의 소방계획서 작성 시 주요내용에 해당하지 않는 것은?

① 피난층 및 피난시설의 위치와 피난경로의 설정(화재안전취약자의 피난계획 포함)
② 특정소방대상물의 근무자 및 거주자의 자위소방대 조직과 대원의 임무(장애인 및 노약자의 피난보조 임무를 포함)에 관한 사항
③ 자체점검 결과의 조치 등에 관한 사항
④ 소화와 연소 방지에 관한 사항

48

소방교육 및 훈련의 실시 원칙으로 옳게 짝지은 것은?

① 현실성의 원칙, 교육자 중심의 원칙, 관련성의 원칙
② 실습의 원칙, 비현실성의 원칙, 경험의 원칙
③ 교육자 중심의 원칙, 동기부여의 원칙, 목적의 원칙
④ 목적의 원칙, 동기부여의 원칙, 실습의 원칙

49

응급처치의 중요성이 아닌 것은?

① 긴급한 환자의 생명을 유지
② 지병의 예방과 치유
③ 환자의 절박한 고통을 경감
④ 입원치료의 기간 단축

50

장애유형별 피난보조 예시로 옳지 않은 것은?

① 청각장애인 - 조명(손전등 및 전등)을 적극 활용하며 메모를 이용한 대화도 효과적이다.
② 시각장애인 - 피난유도 시 여기, 저기 등 손가락으로 가리키면서 대피한다.
③ 지적장애인 - 차분하고 느린 어조로 도움을 주러 왔음을 밝히고 피난을 보조한다.
④ 노약자 - 장애인에 준하여 피난보조를 실시한다.

FINAL 문제 2회

제1과목

01

한국소방안전원에 대한 설명으로 틀린 것은?
① 교육·훈련 등 행정기관이 위탁하는 업무를 수행한다.
② 소방 관계 종사자의 기술 향상을 위해 설립했다.
③ 위험물안전관리자로 선임된 사람으로서 회원이 되려는 사람은 회원자격이 있다.
④ 임원은 행정안전부장관이 임명한다.

02

다음 중 소방기본법상 200만원 이하의 과태료에 처할 사유가 아닌 것은?
① 소방활동구역을 출입한 경우
② 시장지역에서 화재로 오인할 만한 우려가 있는 불을 피우고자 하는 자가 신고를 하지 아니하여 소방자동차를 출동하게 한 경우
③ 소방자동차의 출동에 지장을 준 경우
④ 한국소방안전원 또는 이와 유사한 명칭을 사용한 경우

03

특정소방대상물의 소방안전관리에 대한 내용으로 옳지 않은 것은?
① 소방안전관리대상물의 관계인은 소방안전관리업무를 수행하기 위하여 소방안전관리자 자격증을 발급받은 사람을 소방안전관리자로 선임해야 한다.
② 다른 법령에 따라 전기 등의 안전관리자는 1급 및 2급 소방안전관리대상물의 소방안전관리자를 겸할 수 없다.
③ 소방안전관리대상물의 관계인은 소방안전관리업무를 대행하는 관리업자로 하여금 업무를 대행하게 할 수 있다.
④ 관계인이 대행하게 한 경우 감독할 수 있는 사람을 지정하여 소방안전관리자로 선임할 수 있고, 선임된 자는 선임된 날부터 3개월 이내에 강습교육을 받아야 한다.

04

다음 중 소방안전관리보조자를 두어야 하는 대상물에 해당하지 않는 것은?
① 500세대 이상인 아파트
② 직원들이 24시간 상시근무하는 바닥면적의 합계가 1,000㎡ 미만인 모텔
③ 연면적 15,000㎡ 이상인 특정소방대상물
④ 의료시설

05

건설현장 소방안전관리에 대한 내용으로 옳지 않은 것은?

① 지하층의 층수가 2개층 이상인 것으로 용도 변경하려는 부분의 연면적이 5,000m² 이상인 것은 건설현장 소방안전관리대상물에 해당한다.
② 건설현장 소방안전관리자는 임시소방시설의 설치 및 관리에 대한 감독을 해야 한다.
③ 공사시공자는 소방시설공사 착공 신고일부터 30일 이내에 건설현장 소방안전관리자를 선임하여야 한다.
④ 공사시공자는 건설현장 소방안전관리자를 선임한 경우 선임한 날부터 14일 이내에 소방본부장 또는 소방서장에게 신고해야 한다.

06

아래 표는 ○○건물의 일반현황이다. 이 건물의 소방안전관리자로 선임될 수 있는 자는?

규모/구조	연면적 16,000m²/ 철근콘크리트조
용도	근린생활시설
소방시설	자동화재탐지설비, 물분무등소화설비, 스프링클러설비, 소화용수설비, 소화기
건축물현황	지하 4층, 지상 5층

① 소방설비기사
② 소방공무원으로 3년간 근무한 자
③ 특급소방안전관리자 강습교육을 수료한 자
④ 대학에서 소방안전 관련 교과목을 12학점 이상 이수한 자

07

소방안전관리자 현황표의 기재사항으로 틀린 것은?

① 소방안전관리대상물의 관계인
② 소방안전관리대상물의 등급
③ 소방안전관리자의 선임일자
④ 소방안전관리대상물의 명칭

08

하나의 대지 경계선 안에 2023년 2월 14일에 사용승인을 받은 트리움건물과 2023년 3월 18일 사용승인을 받은 대흥빌딩이 있다. 이 경우 언제까지 종합점검을 받아야 하는가?

① 2024년 3월 31일
② 2024년 2월 28일
③ 2023년 6월 30일
④ 2024년 9월 30일

09 ①②③

300만원 이하의 과태료에 처할 사유가 아닌 것은?

① 관계인에게 점검 결과를 제출하지 아니한 관리업자등
② 자체점검결과 관계인에게 중대위반사항을 알리지 아니한 관리업자등
③ 피난시설, 방화구획 또는 방화시설을 폐쇄·훼손·변경 등의 행위를 한 자
④ 소방시설을 화재안전기준에 따라 설치·관리하지 아니한 자

10 ①②③

아래 표에 해당하는 내용의 내력벽의 수선 또는 변경, 기둥·보·지붕틀의 증축·개축 또는 재축이 있었다. 대수선에 해당하는 것만 고르면?

	내력벽	기둥	보	지붕틀
㉠	20m²	1개	-	-
㉡	-	2개	3개	-
㉢	30m²	-	-	-
㉣	25m²	1개	2개	1개

① ㉠, ㉡
② ㉡, ㉢
③ ㉠, ㉢
④ ㉡, ㉣

11 ①②③

연소의 3요소에 해당하는 것을 알맞게 짝지은 것은?

	가연물	산소공급원	점화에너지
①	목탄	제1류 위험물	화염
②	아르곤	제3류 위험물	나화
③	헬륨	제4류 위험물	전기불꽃
④	이산화탄소	제5류 위험물	열면

12 ①②③

다음 중 발화점에 대한 내용으로 옳지 않은 것은?

① 발화점은 보통 인화점보다 수 백도가 높다.
② 산소와의 친화력이 작은 물질일수록 발화점이 낮다.
③ 고체 가연물의 발화점은 가열공기의 유량, 가열속도 등에 따라 달라진다.
④ 화재진화 후 잔화정리를 할 때 계속 물을 뿌려 냉각시키는 것은 발화점 이상으로 가열된 건축물이 다시 연소되는 것을 막기 위한 것이다.

13

다음 중 다른 소화방법과 다른 것은?

① 알코올 화재에서 물을 가하여 알코올 농도를 40% 이하로 떨어뜨려 소화하는 방법
② 탄진폭발 방지에 쓰이는 암분 살포
③ 유정화재를 폭약폭발에 의한 폭풍으로 끄는 것
④ 하론류에 의한 소화

14

용접(용단) 작업 시 비산불티의 특성으로 옳은 것만 고른 것은?

㉠ 비산불티는 풍향, 풍속 등에 의해 비산거리 상이
㉡ 비산불티는 약 1,600°C 이상의 고온체
㉢ 발화원이 될 수 있는 비산불티의 크기의 직경은 약 0.3~3mm
㉣ 비산불티는 작업과 동시에서부터 수 분 사이까지 비교적 짧게 존재

① ㉠, ㉡　　　　② ㉠, ㉢
③ ㉠, ㉡, ㉢　　④ ㉠, ㉡, ㉢, ㉣

15

다음 중 위험물 유별 특성으로 알맞게 짝지은 것은?

- 제1류 위험물 : ㉠ 고체
- 제3류 위험물 : ㉡ 물질
- 제5류 위험물 : ㉢ 물질

	㉠	㉡	㉢
①	인화성	가연성	산화성
②	산화성	자연발화성 및 금수성	자기반응성
③	자기반응성	인화성	가연성
④	가연성	인화성	산화성

16

다음 중 전기화재 예방요령으로 옳지 않은 것만 고르면?

㉠ 과전류 차단장치를 설치한다.
㉡ 규격 퓨즈를 사용하고 끊어질 경우 그 원인을 조치한다.
㉢ 전선이 보이지 않도록 비닐장판 밑으로 정리한다.
㉣ 사용하지 않는 기구는 전원을 끄고 플러그는 꽂아 둔다.

① ㉡, ㉢　　　　② ㉠, ㉡
③ ㉢, ㉣　　　　④ ㉠, ㉡, ㉢

17

가스안전관리에 대한 설명으로 옳지 않은 것은?

① LPG에는 프로판, 부탄이 있다.
② LNG의 비중은 0.6이다.
③ LPG는 낮은 쪽에 체류한다.
④ LNG는 가정용, 공업용, 자동차 연료용으로 사용된다.

18

다음 조건에서의 방화구획 설치기준으로 옳지 않은 것은?

- 주요구조부 : 내화구조
- 스프링클러설비 등 자동식 소화설비가 설치되지 않은 경우
- 내장재가 불연재가 아닌 경우

① 11층 이상의 층은 바닥면적 300m² 이내마다 방화구획하여야 한다.
② 10층 이하의 층은 바닥면적 1,000m² 이내마다 방화구획하여야 한다.
③ 연면적이 1,000m² 이상일 경우 방화구획하여야 한다.
④ 매층마다 방화구획하여야 한다.

19

지상층의 바닥면적은 10,000m², 지하층 2곳의 바닥면적은 각 5,000m²일 때 지하층은 몇 개의 방화구획으로 나눠야 하는가? (주어진 조건 외에 다른 것은 무시한다)

① 8개　　② 9개
③ 10개　　④ 11개

20

피난시설, 방화구획 및 방화시설의 관리에 대한 설명으로 옳지 않은 것은?

① 피난계단의 종류로는 옥내피난계단, 옥외피난계단, 특별피난계단 등이 있다.
② 피난시설, 방화구획 및 방화시설을 폐쇄하는 행위를 한 자에 대해서는 1차 위반 100만원, 2차 위반 200만원, 3차 위반 300만원의 과태료를 부과한다.
③ 방화시설이란 방화구획, 소화설비, 방화벽 및 내화성능을 갖춘 내부마감재 등을 말한다.
④ 피난시설이란 계단, 복도, 출입구(비상구 포함), 그 밖의 피난시설(옥상광장, 피난안전구역, 피난용 승강기 및 승강장)을 말한다.

21

건축물 내부에 설치된 차고·주차용도로 사용되는 부분의 면적이 몇 m² 이상인 경우 물분무등소화설비를 설치해야 하는가? (50세대 이상 연립주택 및 다세대주택임)

① 200m² 이상
② 500m² 이상
③ 800m² 이상
④ 1,000m² 이상

22

소방시설의 종류 중 경보설비만 짝지어진 것은?

① 제연설비, 통합감시시설
② 비상경보설비, 옥내소화전설비
③ 화재알림설비, 통합감시시설
④ 자동화재탐지설비, 연결송수관설비

23

자동방화셔터에 대한 내용으로 옳지 않은 것은?

① 피난이 가능한 60분+ 방화문 또는 60분 방화문으로부터 3m 이내에 별도로 설치해야 한다.
② 불꽃감지기 또는 연기감지기 중 하나와 열감지기를 설치해야 한다.
③ 수직방향으로 폐쇄되는 구조가 아닌 경우는 불꽃, 연기 및 열감지에 의해 일부폐쇄될 수 있는 구조여야 한다.
④ 자동방화셔터의 상부는 상층 바닥에 직접 닿지 않은 경우 방화구획 처리를 하여 연기와 화염의 이동통로가 되지 않도록 하여야 한다.

24

휴대용비상조명등의 설치기준으로 옳지 않은 것은?

① 어둠 속에서 위치를 확인할 수 있고, 사용 시 자동으로 점등되는 구조여야 한다.
② 30분 이상 유효하게 사용할 수 있는 건전지 및 배터리를 사용해야 한다.
③ 숙박시설 또는 다중이용업소에는 객실 또는 영업장안의 구획된 실마다 잘 보이는 곳에 설치해야 한다.
④ 건전지를 사용하는 경우 방전방지조치를 하여야 하고, 충전식 배터리의 경우 상시 충전되는 구조여야 한다.

25 [1][2][3]

복도통로유도등의 설치에 대한 내용으로 옳지 않은 것은?

① 피난구유도등이 설치된 출입구 맞은편 복도에 입체형 설치 또는 바닥에 설치할 것
② 구부러진 모퉁이 및 ①에 설치된 통로유도등을 기점으로 보행거리 25m마다 설치할 것
③ 바닥으로부터 1m 이하의 위치에 설치할 것
④ 지하층 또는 무창층의 용도가 지하역사 또는 지하상가인 경우에는 복도·통로 중앙부분의 바닥에 설치할 수 있다.

제 2 과목

26 [1][2][3]

다음 층에 설치하여야 하는 ABC 분말소화기의 최소개수는? (아래 기준 외에는 무시한다)

ⓐ 바닥면적은 3,000m²이다.
ⓑ 용도는 근린생활시설이다.
ⓒ 건축물은 내화구조이고 내장재는 불연재이다.
ⓓ 소화기의 능력단위는 3단위로 설치한다.

① 5개   ② 6개
③ 7개   ④ 8개

27 [1][2][3]

자동화재탐지설비 경계구역을 산정하려 한다. 해당 구역의 최소 경계구역 수로 옳은 것은?

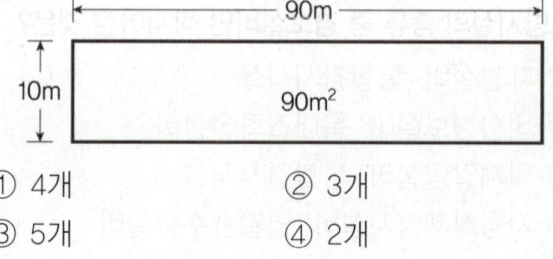

① 4개   ② 3개
③ 5개   ④ 2개

28 [1][2][3]

아래 내용은 특급 소방안전관리자 자격증으로 선임된 소방안전관리자가 작성한 이산화탄소소화설비가 설치되어 있는 연면적 5,200m²인 판매시설의 2023년 소방계획서 중 종합점검 계획이다. 다음 중 옳게 작성한 것은? (건축물의 사용승인일은 2021년 3월 10일이다)

①	점검 대상	☐ 스프링클러설비 ☐ 물분무등소화설비 + 5천m² 이상 ☑ 다중이용업의 영업장 + 2천m² 이상		
②	점검 자격	☑ 소방시설관리업자 ☐ 소방안전관리자		
③	점검 시기	2023년 9월 2일		
④	결과 보고	2023년 9월 30일	제출처	소방서장

29 [1][2][3]

습식 스프링클러설비 작동점검 시 확인사항으로 옳지 않은 것은?

① 소화펌프 자동기동 여부 확인
② 유수검지장치의 솔레노이드밸브 동작 확인
③ 해당 방호구역의 경보상태 확인
④ 감시제어반의 화재표시등 점등 확인

30 [1][2][3]

○○건물의 건축물현황이다. 이 건물에 설치하지 않아도 되는 것은?

☐ 층수 : 8층(지하층 없음)
☐ 연면적 : 4,000m²
　　　　　(각 층의 바닥면적 500m²)
☐ 주용도 : 판매시설
☐ 건축물의 사용승인일 : 2021년 4월 13일

① 스프링클러설비
② 옥외소화전설비
③ 옥내소화전설비
④ 비상방송설비

31 [1][2][3]

준비작동식 스프링클러설비의 준비작동식 유수검지장치를 작동시키는 방법으로 옳지 않은 것은?

① 해당 방호구역의 감지기 2개 회로 작동
② 시험밸브 개방
③ 수동조작함의 수동조작스위치 작동
④ 밸브 자체에 부착된 수동기동밸브 개방

32

소방안전관리자의 업무수행 기록의 작성·유지에 대한 내용 중 ( ) 안에 들어갈 내용으로 알맞게 짝지은 것은?

> ⓐ 소방안전관리대상물의 소방안전관리자는 소방안전관리업무를 수행한 날을 포함하여 ( ) 작성한다.
> ⓑ 소방안전관리자는 업무 수행에 관한 기록을 작성한 날부터 ( ) 보관해야 한다.

① 월 1회 이상, 1년간
② 월 1회 이상, 2년간
③ 반년에 1회 이상, 1년간
④ 반년에 1회 이상, 2년간

33

출혈 시 응급처치요령에 대한 내용으로 옳지 않은 것을 모두 고르면?

> ㉠ 출혈이 생기면 피부가 창백해지고 혈압이 점차 높아진다.
> ㉡ 직접압박법은 출혈 상처부위를 직접 압박하는 방법이다.
> ㉢ 출혈 시 환자를 편안하게 눕히고, 조이는 옷을 풀어 주어 호흡을 편하게 해준다.
> ㉣ 지혈대 사용법은 출혈이 심하지 않은 경우 사용한다.

① ㉠, ㉡
② ㉠, ㉣
③ ㉡, ㉢
④ ㉡, ㉣

34

다음 중 일반 심폐소생술 시행방법의 순서로 맞는 것은?

> ㉠ 가슴압박 30회 시행
> ㉡ 반응의 확인
> ㉢ 119신고 및 호흡확인
> ㉣ 인공호흡 2회 시행
> ㉤ 회복자세
> ㉥ 가슴압박과 인공호흡의 반복

① ㉢ – ㉡ – ㉠ – ㉥ – ㉣ – ㉤
② ㉡ – ㉢ – ㉠ – ㉣ – ㉥ – ㉤
③ ㉢ – ㉡ – ㉠ – ㉣ – ㉥ – ㉤
④ ㉡ – ㉢ – ㉠ – ㉥ – ㉣ – ㉤

35 [1][2][3]

다음은 ○○건물에서 작성한 피난계획의 일부이다. 이에 대한 설명으로 옳지 않은 것은?

○○건물 피난계획			
피난인원		근무자 15명, 거주자 37명	
화재 경보	경보 방식	☑ 일제경보방식 ☐ 우선경보방식	
	경보 수단	☑ 지구경보 ☐ 비상방송(자동연동) ☑ 시각경보기	
피난경로		제1피난로	동측계단
		제2피난로	서측계단
재해약자		☑ 고령자 ☐ 영유아 ☑ 장애인(이동장애)	

① 소방계획서 작성 시 피난계획 관련 사항을 포함시켜야 한다.
② 화재가 발생한 경우 자동으로 비상방송이 되도록 연동되어 있다.
③ 고령자, 이동장애 장애인 등 재해약자를 위한 피난계획을 강구해야 한다.
④ 두 개의 피난계단을 이용하여 피난하는 것으로 계획을 수립해야 한다.

36 [1][2][3]

다음 자동심장충격기(AED) 패드 부착위치로 바르게 짝지어진 것은?

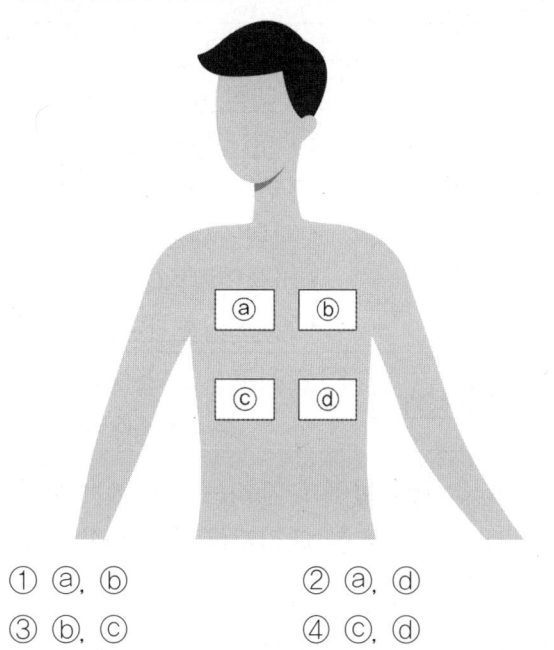

① ⓐ, ⓑ   ② ⓐ, ⓓ
③ ⓑ, ⓒ   ④ ⓒ, ⓓ

37 [1][2][3]

소방훈련·교육 실시 결과 기록부의 기재사항이 아닌 것은?

① 소방시설물의 설치현황
② 훈련참석 인원 수
③ 문제점 및 개선계획
④ 일시/장소

38 ⟨1⟩⟨2⟩⟨3⟩

다음은 자위소방대 및 초기대응체계 편성표의 내용이다. ㉠~㉣에 대한 내용으로 옳지 않은 것은?

자위소방대	☐ 편성인원 　㉠ 대장 ○○○ 　㉡ 부대장 ○○○ ☐ 본부대 　• 지휘통제팀(2명) 　• 비상연락팀(2명) 　• ㉢ 초기소화팀(2명)
㉣ 초기대응체계	☐ 조직구성 : A조(2명), 　　　　　　　B조(2명)

① ㉠, ㉡이 대상물에 부재하는 경우에는 업무를 대리하기 위한 대리자를 지정하여 운영한다.
② ㉠은 소방안전관리대상물의 소유자를 지정할 수 있다.
③ ㉢은 화재상황의 모니터링, 지휘통제 임무를 수행한다.
④ ㉣은 소방안전관리보조자, 경비(보안) 근무자 또는 대상물 관리인 등 상시 근무자를 중심으로 구성한다.

39 ⟨1⟩⟨2⟩⟨3⟩

다음은 ○○건물의 건축물 현황이다. 이 현황에 따를 때 자체점검항목에 해당하는 것을 모두 고르시오(아래 현황 외에는 무시함).

명칭	○○건물
용도	업무시설
규모/구조	지상2층, 지하1층 / 연면적 1,450m²
소방시설	소화기, 옥내소화전설비, 스프링클러설비, 자동화재탐지설비, 유도등, 피난구조설비

㉠	1-A-008	○ 수동식 분말소화기의 내용연수(10년) 적정 여부
㉡	3-F-007	○ 유수검지장치 시험장치 설치 적정 여부
㉢	25-D-002	○ 화재감지기 동작 및 수동조작에 따라 작동하는지 여부
㉣	3-K-011	○ 펌프 작동 여부 확인 표시등 및 음향경보장치 정상작동 여부

① ㉠, ㉡　　② ㉠, ㉡, ㉣
③ ㉡　　　　④ ㉠, ㉡, ㉢, ㉣

40

다음 〈그림〉은 준비작동식 스프링클러설비 감시제어반이다. 이에 대한 설명으로 옳지 않은 것은?

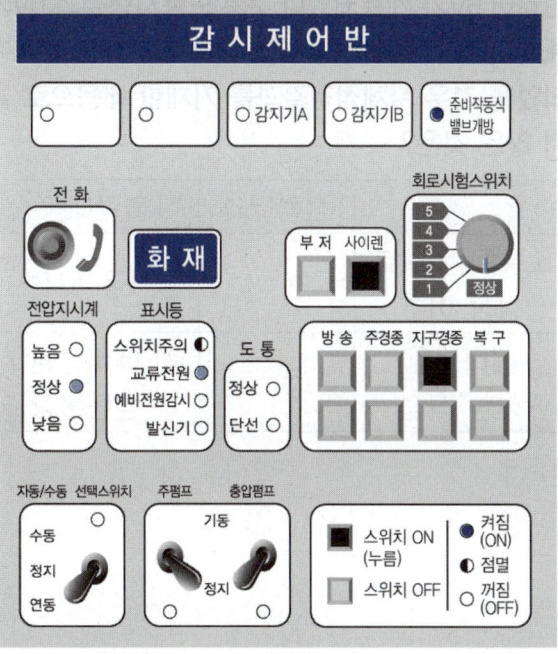

① 화재표시등이 점등된다.
② 사이렌이 작동한다.
③ 지구경종은 울리지 않고 있다.
④ 준비작동식 유수검지장치의 압력스위치가 작동하였다.

41

다음 〈그림〉은 기동용수압개폐장치(압력챔버)의 압력스위치를 나타낸 것이다. 〈그림〉에서 펌프의 기동점과 정지점의 연결이 바른 것은?

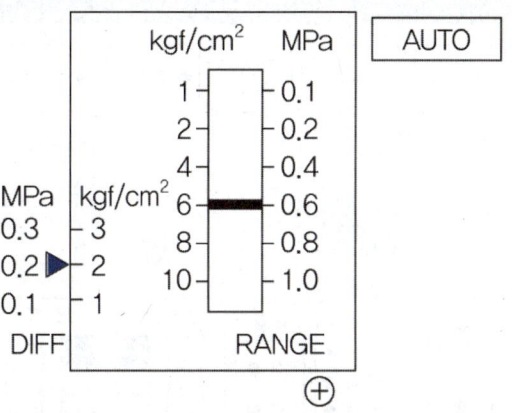

① 기동점 0.2MPa, 정지점 0.6MPa
② 기동점 0.2MPa, 정지점 0.8MPa
③ 기동점 0.4MPa, 정지점 0.6MPa
④ 기동점 0.4MPa, 정지점 0.8MPa

42

준비작동식 스프링클러설비의 감시제어반의 상태가 아래와 같을 때 옳지 않은 내용은?

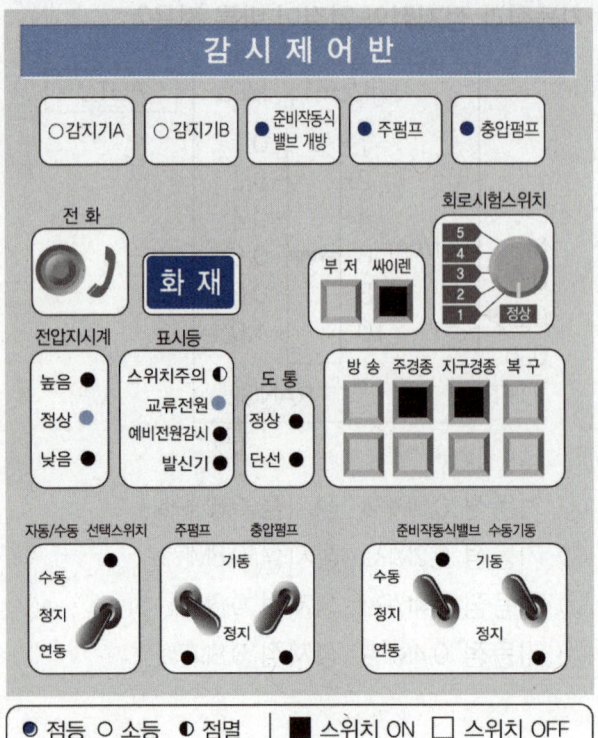

① 감지기 A, B가 작동되어 준비작동식밸브가 개방되었다.
② 화재표시등이 점등되었다.
③ 주경종, 지구경종 버튼을 원상태로 해야 주경종, 지구경종의 경보 상태를 확인할 수 있다.
④ 준비작동식밸브를 수동으로 기동한 것이므로 주펌프와 충압펌프가 기동되었다.

43

○○건물의 관계인이 자동화재탐지설비의 도통시험과 예비전원시험을 하였다. 1층 도통시험결과 전압이 6V가 계측되었다. 2층 도통시험결과 0V가 계측되었다. 예비전원시험 계측결과 14V가 계측되었을 경우 자체점검결과를 기재한 내용으로 옳지 않은 것은?

	점검결과	불량내용
도통시험 회로 정상 여부	㉠ ×	㉡ 1층 단선
예비전원 성능 적정	㉢ ×	㉣ 예비전원 성능불량

① ㉠
② ㉡
③ ㉢
④ ㉣

44

비화재보 발생 시 조치 방법을 순서대로 나열한 것은?

> ㉮ 수신기 확인
> ㉯ 실재화재 여부 확인
> ㉰ 수신기 복구
> ㉱ 음향장치 복구
> ㉲ 음향장치 정지
> ㉳ 비화재보 원인 제거

① ㉮ → ㉰ → ㉯ → ㉲ → ㉱ → ㉳
② ㉮ → ㉰ → ㉯ → ㉲ → ㉳ → ㉱
③ ㉮ → ㉯ → ㉲ → ㉳ → ㉰ → ㉱
④ ㉮ → ㉯ → ㉲ → ㉳ → ㉰ → ㉱

45 ①②③

다음 〈사진〉과 같이 도통시험을 원활히 하기 위한 배선방식은?

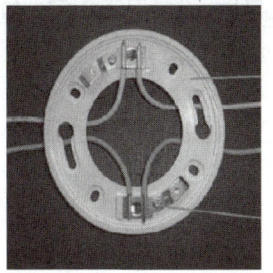

① 병렬식 배선방식
② 2선식 배선방식
③ 교차회로 배선방식
④ 송배선식 배선방식

46 ①②③

아래 〈그림〉에 대한 설명으로 옳지 않은 것은?

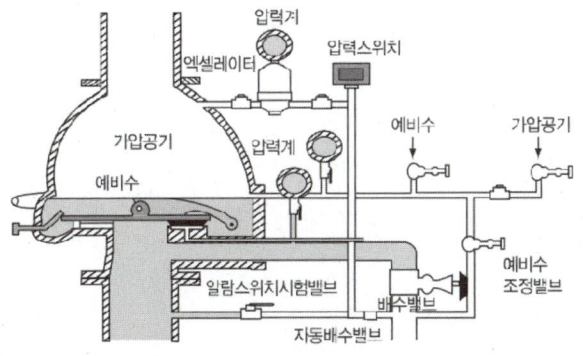

① 건식 유수검지장치의 단면도이다.
② 헤드는 폐쇄형헤드가 사용되고 별도로 공기압축기를 필요로 한다.
③ 헤드 개방 시 2차측 가압수의 압력이 낮아지면 급속개방기구가 작동하여 클래퍼를 신속히 개방시킨다.
④ 시트링의 홀을 통해 압력스위치를 작동시켜 제어반으로 사이렌, 화재표시등, 밸브개방표시등이 점등된다.

47 ①②③

아래 〈그림〉과 예비전원시험을 한 경우 전압이 14V로 계측되었다. 이에 대한 내용으로 옳은 것은?

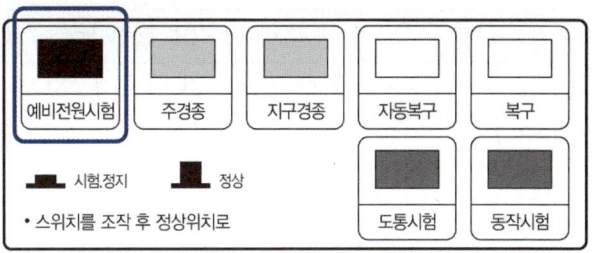

① 예비전원 전압이 낮을 경우 주경종이 울려야 한다.
② 램프방식인 경우 빨간색이 점등되어야 한다.
③ 예비전원시험 시 예비전원의 전압 및 상호 절환이 정상인지 확인해야 한다.
④ 전압계의 측정치가 14V라면 정상이다.

48 ①②③

다음 대상물의 소방전용 최소 저수량으로 옳은 것은? (아래 제시된 사항 외에는 무시한다. 저수량 산정 시 각 설비별 저수량을 모두 합한 것이다)

- 용도 : 근린생활시설
- 층수 : 지하 3층, 지상 12층
- 연면적 : 67,000m²
- 소방시설물 설치현황 : 옥내소화전설비, 옥외소화전설비, 스프링클러설비
- 옥내소화전설비 : 각 층마다 6개 설치
- 옥외소화전설비 : 9개
- 스프링클러설비 : 지하층(준비작동식), 지상층(습식)

① 5.2m³
② 14m³
③ 48m³
④ 67.2m³

49

2급 소방안전관리대상물 소방계획서의 내용 중 잘못된 것은?

구분		포함되어야 할 사항
일반 사항	표지부	표지, 목차, 개정이력, 작성 안내
	내용부	목적, 적용 근거·범위, 기록유지 등
관리 계획	① 예방	일반현황, 화재예방, 자위소방대·초기대응체계 구성 및 운영, 자체점검 등
	② 대비	협의회, 교육 및 훈련, 자체평가 및 개선 등
대응 계획	③ 대응	비상연락, 지휘통제, 초기대응, 피난, 비상대응계획 등
	④ 복구	피해복구 계획, 피해복구 및 지원 등

50

다음 〈그림〉과 같은 장소에 정온식 스포트형 감지기 1종을 설치하는 경우 최소 감지기 소요개수는? (단, 주요구조부는 내화구조이고, 설치높이는 3m이다)

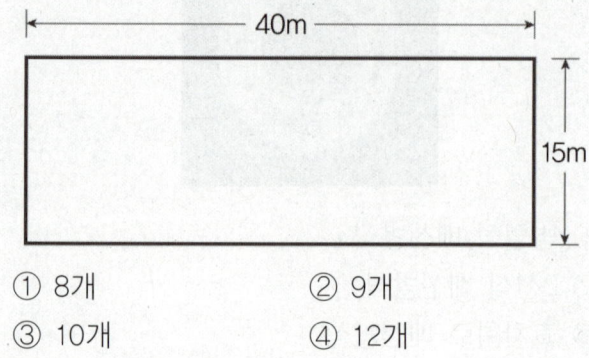

① 8개　　② 9개
③ 10개　　④ 12개

FINAL 문제 3회

제1과목

01

소방기본법령과 관련된 사항으로 옳은 것은?
① 소방대상물의 관계인은 소유자·점유자 및 시공자이다.
② 건축물, 차량, 항해중인 선박, 산림은 소방대상물이다.
③ 한국소방안전원은 소방기술과 안전관리에 관한 교육 및 조사·연구 업무를 수행한다.
④ 한국소방안전원은 소방점검·위험물탱크시설 등 성능검사기관이다.

02

소방기본법령에 따른 벌칙사항 중 100만원 이하의 벌금사항에 해당하지 않는 것은?
① 피난명령을 위반한 자
② 정당한 사유 없이 소방용수시설을 사용하거나 소방용수시설의 효용을 해치거나 그 정당한 사용을 방해한 사람
③ 정당한 사유 없이 소방대의 생활안전활동을 방해한 자
④ 정당한 사유 없이 소방대가 현장에 도착할 때까지 사람을 구출하는 조치 또는 불을 끄거나 불이 번지지 아니하도록 하는 조치를 하지 아니한 소방대상물 관계인

03

화재예방강화지구에 대한 설명으로 옳지 않은 것은?
① 위험물의 저장 및 처리 시설이 밀집한 지역을 화재예방강화지구로 지정할 수 있다.
② 소방관서장은 화재발생 우려가 크거나 화재가 발생할 경우 피해가 클 것으로 예상되는 지역에 대하여 화재예방강화지구로 지정할 수 있다.
③ 소방관서장은 화재 발생의 위험이 큰 경우 목재, 플라스틱 등 가연성이 큰 물건의 제거, 이격, 적재 금지 등을 명령할 수 있다.
④ 누구든지 화재예방강화지구에서는 모닥불, 흡연 등 화기를 취급하는 행위를 하여서는 아니된다.

04

다음 중 피난계획에 포함되어야 할 항목이 아닌 것은?
① 화재경보의 수단 및 방식
② 각 거실에서 옥외(옥상 또는 피난안전구역을 포함한다)로 이르는 피난경로
③ 피난약자 및 피난약자를 동반한 사람의 피난동선과 피난방법
④ 층별, 구역별 피난대상 인원의 연령별·직업별·성별현황

[05~07] 다음 소방안전관리대상물의 현황을 보고 물음에 답하시오(1개월은 30일로 하고, 아래 제시된 사항 외에는 무시한다).

□ 용도	공동주택(아파트)
□ 규모	지상 35층, 지하 2층, 연면적 175,000m^2 2,800세대
□ 소방안전 관리자 현황	선임일 : 2023.3.2.
	교육이력 : 2022.3.15. 강습교육 수료

05

위 소방안전관리대상물 등급과 소방안전관리보조자 선임인원으로 옳은 것은?

① 특급, 11명
② 1급, 9명
③ 1급, 11명
④ 특급, 9명

06

위 소방안전관리대상물의 소방안전관리자 선임신고를 기한 내에 하지 않았다. 이에 대한 벌칙으로 옳은 것은?

① 벌칙사항에 해당하지 않음
② 300만원 이하의 벌금
③ 300만원 이하의 과태료
④ 200만원 이하의 과태료

07

위 소방안전관리자의 실무교육 이수기한은?

① 2022년 9월 1일까지 이수하고, 그 이후 2년마다 이수하여야 한다.
② 2023년 9월 29일까지 이수하고, 그 이후 2년마다 이수하여야 한다.
③ 2024년 3월 1일까지 이수하고, 그 이후 2년마다 이수하여야 한다.
④ 2024년 3월 14일까지 이수하고, 그 이후 2년마다 이수하여야 한다.

08

건설현장 소방안전관리자에 대한 내용으로 옳지 않은 것은?

① 선임기간은 소방시설공사 착공 신고일부터 건축물 사용승인일까지 선임하여야 한다.
② 선임한 날부터 14일 이내에 소방본부장 또는 소방서장에게 신고해야 한다.
③ 신축하려는 부분의 연면적의 합계가 1만5천제곱미터 이상인 것은 건설현장 소방안전관리대상물에 포함된다.
④ 건설현장 소방안전관리자가 업무를 하지 않은 경우 1차 위반은 50만원, 2차 위반은 100만원, 3차 위반은 200만원의 과태료를 부과한다.

09

방염처리물품에 대한 다음 <보기>에서 (㉠), (㉡)에 들어갈 내용으로 옳은 것은?

다중이용업소·의료시설·노유자시설·숙박시설 또는 (㉠)에서 사용하는 침구류·소파 및 의자는 방염처리된 제품의 사용을 (㉡)한다.

	㉠	㉡
①	종교시설	명령
②	장례시설	권장
③	종교시설	권장
④	장례시설	명령

10

다음 중 처벌이 가장 무거운 사유는?
① 자체점검 결과 중대위반사항이 발견된 경우 필요한 조치를 하지 않은 관계인
② 공사현장에 임시소방시설을 설치·관리하지 아니한 자
③ 소방시설에 폐쇄·차단 등의 행위를 한 자
④ 소방시설등에 대하여 스스로 점검을 하지 아니하거나 관리업자등으로 하여금 정기적으로 점검하게 하지 아니한 자

11

다음 중 대수선에 해당하지 않는 것은?
① 기둥을 3개 이상 수선하는 경우
② 보를 3개 이상 변경하는 경우
③ 지붕틀을 2개 이상 수선하는 경우
④ 내력벽의 면적을 30㎡ 이상 수선하는 경우

12

다음 중 내화구조에 대한 설명으로 옳지 않은 것은?
① 화재에 견딜 수 있는 성능을 가진 철근콘크리트조·연와조 기타 이와 유사한 구조를 말한다.
② 화재시에 일정시간 동안 형태나 강도 등이 크게 변하지 않는 구조를 말한다.
③ 인접 건축물 화재에 의한 연소방지와 건물 내에 화재확산을 방지하기 위한 구조이다.
④ 대체로 화재 후에도 재사용이 가능한 정도의 구조를 말한다.

13 ①②③

다음 중 불연성물질만 고른 것은?

> ㉠ 헬륨, 네온, 아르곤
> ㉡ 물, 이산화탄소
> ㉢ 질소 또는 질소산화물
> ㉣ 돌, 흙

① ㉠
② ㉠, ㉡
③ ㉠, ㉡, ㉢
④ ㉠, ㉡, ㉢, ㉣

14 ①②③

실내화재에서 성장기에 대한 설명으로 옳은 것을 모두 고른 것은?

> ㉠ 개구부에서 세력이 강한 검은 연기가 분출한다.
> ㉡ 가구 등에서 천장면까지 화재가 확대된다.
> ㉢ 구조물이 낙하할 수 있다.
> ㉣ 실내 전체에 화염이 충만하여 연소가 최고조에 달한다.

① ㉠, ㉡
② ㉢, ㉣
③ ㉠, ㉡, ㉢
④ ㉠, ㉡, ㉢, ㉣

15 ①②③

아래 〈보기〉에서 산림화재에서 화염이 진행하는 방향에 있는 나무 등의 가연물을 미리 제거하는 소화방법과 동일한 방법을 모두 고르면?

> ㉠ 가스화재에서 밸브를 잠금으로서 연소를 중지시키는 방법
> ㉡ 유류화재에서 폼으로 유면을 덮어서 불을 끄는 방법
> ㉢ 물로 계의 열을 빼앗아 온도를 떨어트림으로서 불을 끄는 방법
> ㉣ 촛불을 입으로 불어서 끄는 방법

① ㉠, ㉡
② ㉠, ㉣
③ ㉡, ㉢
④ ㉠, ㉢, ㉣

16 ①②③

다음 특성을 가진 위험물은?

> 물과 반응하거나 자연발화에 의해 발열 또는 가연성가스가 발생하는 성질

① 제1류 위험물
② 제2류 위험물
③ 제3류 위험물
④ 제4류 위험물

17

다음 중 전기화재의 원인으로 옳지 않은 것은?

① 누전차단기 고장으로 인한 발화
② 무거운 물건을 전선 위에 두어 단락으로 인한 발화
③ 전격용량 이상으로 멀티탭에 플러그를 꼽아 과열로 인한 발화
④ 저항열의 축적으로 인한 발화

18

액화석유가스(LPG)에 대한 설명으로 틀린 것은?

① 가정용, 공업용으로 주로 사용된다.
② C_3H_8, C_4H_{10}이 주성분이다.
③ 비중이 1.5~2로 누출 시 낮은 곳으로 체류한다.
④ 폭발범위는 5~15%이다.

19

방화구획에 대한 다음 〈보기〉에서 ( ) 안에 들어갈 내용으로 알맞게 짝지은 것은? (자동식 소화설비는 설치되어 있지 않음)

구획의 종류	구획단위
면적별 구획	• 10층 이하의 층은 바닥면적 (㉠) 이내마다 구획 • 11층 이상은 층내 바닥면적 (㉡)[벽 및 반자의 실내 마감을 불연재료로 한 경우 (㉢)] 이내마다 구획
층별 구획	• 매층마다 구획(다만, 지하 1층에서 지상으로 직접 연결하는 (㉣) 부위 제외)

	㉠	㉡	㉢	㉣
①	1,000m²	200m²	500m²	경사로
②	2,000m²	400m²	1,000m²	옥외계단
③	3,000m²	600m²	1,500m²	경사로
④	3,000m²	600m²	1,000m²	옥외계단

20

피난시설, 방화구획 및 방화시설의 폐쇄행위에 해당하지 않는 것은?

① 계단, 복도 등에 방범철책 등을 설치하는 것
② 비상구 등에 잠금장치를 설치하는 것
③ 임의구획으로 무창층을 만드는 것
④ 석고보드 또는 합판 등으로 비상구의 개방이 불가능하도록 하는 것

21 ①②③
스프링클러설비 설치대상이 아닌 것은?
① 층수가 5층인 특정소방대상물
② 수용인원이 200명인 영화관
③ 연면적 1,000m²인 지하가
④ 700m²인 조산원 및 산후조리원

22 ①②③
다음 중 화재와 소화기 연결이 알맞게 된 것은?
① 나트륨, 칼륨 등 금속화재 - 분말소화기
② 타르, 솔벤트, 알코올 등의 유류화재 - 이산화탄소 소화기
③ 동식물유 화재 - 할론 소화기
④ 나무, 섬유, 종이 등 화재 - 이산화탄소 소화기

23 ①②③
소화기구의 설치기준으로 소화기구의 능력단위가 다른 것과 다른 것은?
① 공연장   ② 노유자시설
③ 관람장   ④ 집회장

24 ①②③
다음 중 옥외소화전에 대한 설명으로 옳은 것을 모두 고른 것은?

> ㉠ 방수량은 350L/min 이상일 것
> ㉡ 방수압력은 2개의 소화전(설치개수가 1개일 경우 1개)을 동시에 사용할 경우 각 노즐선단 방수압력이 0.25MPa 이상 0.7MPa 이하일 것
> ㉢ 지상용과 지하용(승하강식은 제외한다)으로 구분한다.
> ㉣ 소화전 설치개수(2개 이상일 때는 2개)에 7m³를 곱한 양 이상일 것

① ㉠, ㉡   ② ㉠, ㉡, ㉢
③ ㉠, ㉡, ㉣   ④ ㉠, ㉡, ㉢, ㉣

25 １２３

자동방화셔터에 대한 내용으로 옳지 않은 것은?

① 피난이 가능한 60분+ 방화문 또는 60분 방화문으로부터 5m 이내에 별도로 설치해야 한다.
② 전동방식이나 수동방식으로 개폐할 수 있어야 한다.
③ 수직방향으로 폐쇄되는 구조가 아닌 경우는 불꽃, 연기 및 열감지에 의해 완전폐쇄될 수 있는 구조여야 한다.
④ 자동방화셔터의 상부는 상층 바닥에 직접 닿도록 하여야 한다.

제 2 과목

26 １２３

다음 중 소화기에 대한 설명으로 옳지 않은 것은?

① ABC급 분말소화기 약제의 주성분은 제1인산암모늄이다.
② 능력단위가 2단위 이상이 되도록 소화기를 설치하여야 할 특정소방대상물 또는 그 부분에 있어서 간이소화용구의 능력단위가 전체 능력단위의 2분의 1을 초과하지 아니하게 한다(노유자시설의 경우에는 이를 제외).
③ 각 층마다 설치하되, 특정소방대상물의 각 부분으로부터 1개의 소화기까지의 보행거리가 소형소화기의 경우에는 20m 이내가 되도록 배치한다.
④ 소화기구(자동확산소화기 포함)는 바닥으로부터 높이 1.5m 이하의 곳에 비치한다.

27 １２３

다음과 같은 이산화탄소 소화기에 관련된 내용으로 옳지 않은 것은?

○ 제조연월 : 2004년 12월
○ 점검일 : 2022년 11월

① 자체점검 시 외관점검(혼, 손잡이 파괴 등)을 실시해야 한다.
② B·C급 화재에 적응성이 있다.
③ 내용연수 10년 경과에 따라 교체 또는 성능 확인을 받아야 한다.
④ 소화기의 레버 조작으로 소화약제를 방사·중지할 수 있다.

28

동력제어반에서 펌프운전 선택스위치를 자동위치에 놓았을 경우 감시제어반에서 주펌프를 작동시키려 할 때 스위치 위치가 올바른 것은?

① 자동/수동 선택스위치 주펌프
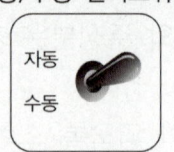

② 자동/수동 선택스위치 주펌프
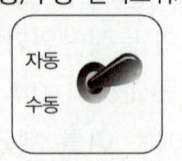 

③ 자동/수동 선택스위치 주펌프

④ 자동/수동 선택스위치 주펌프

29

준비작동식 스프링클러설비의 점검에서 A and B 감지기 작동 시 확인사항으로 옳지 않은 것은?

① 전자밸브(솔레노이드밸브) 작동
② 밸브개방표시등 점등
③ 화재표시등 점등
④ 펌프 자동기동

30

습식 스프링클러설비의 말단시험밸브를 개방하였을 때 점검사항으로 옳지 않은 것은?

① 화재표시등 점등 확인
② 해당구역 밸브개방표시등 점등 확인
③ 해당 방호구역의 경보상태 확인
④ 솔레노이드밸브 개방여부 확인

31

준비작동식 스프링클러설비의 감시제어반이 아래 〈그림〉과 같은 상태일 때 정상으로 관리하기 위한 조치사항으로 옳은 것은? (아래 그림에 제시된 사항 외에는 무시함)

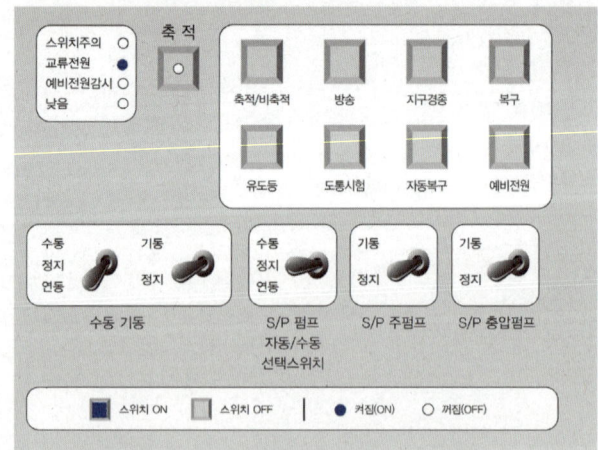

① S/P 주펌프 스위치를 기동위치에 놓아야 한다.
② S/P 펌프 자동/수동 스위치를 연동위치에 놓아야 한다.
③ 도통시험스위치를 눌러서 도통상태를 유지해야 한다.
④ 자동복구스위치를 눌러서 비화재보를 방지하여야 한다.

32

준비작동식 스프링클러설비의 점검 시 작동시키는 방법으로 옳지 않은 것은?

① 해당 방호구역의 감지기 2개 회로 작동
② 수동조작함의 수동조작스위치 작동
③ 감시제어반에서 동작시험 스위치나 회로선택 스위치로 작동
④ 밸브 자체에 부착된 수동기동밸브 개방

33

가스계소화설비의 제어반 자체점검 중 A, B감지기를 작동시켰으나 솔레노이드밸브가 작동하지 않았을 경우 솔레노이드밸브를 정상 작동시키기 위해 아래 제어반에서 작동하여야 할 스위치와 조치방법으로 옳은 것을 고르시오.

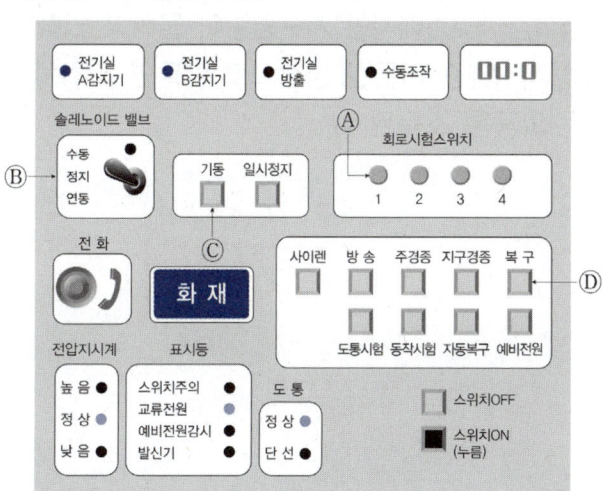

① Ⓐ번 회로시험스위치를 누른다.
② Ⓑ번 스위치를 연동 위치에 놓는다.
③ Ⓒ번 기동스위치를 누른다.
④ Ⓓ번 복구스위치를 누른다.

34

스프링클러설비 감시제어반 점검사항으로 옳은 것은?

① 유수검지장치 시험장치 설치 적정 여부
② 유수검지에 따른 음향장치 작동 가능 여부
③ 화재감지기의 감지나 기동용 수압개폐장치의 작동에 따른 펌프 기동 확인
④ 펌프별 자동·수동 전환스위치 정상작동 여부

35

다음 중 경계구역에 대한 내용으로 옳은 것만 짝지은 것은?

㉠ 하나의 경계구역이 2 이상의 건축물에 미치지 않도록 할 것
㉡ 하나의 경계구역이 2 이상의 층에 미치지 않도록 할 것
㉢ 하나의 경계구역의 면적은 600m² 이하로 하고 한 변의 길이는 60cm 이하로 할 것
㉣ 해당 특정소방대상물의 주된 출입구에서 그 내부 전체가 보이는 것에 있어서는 한 변의 길이가 50m의 범위 내에서 1,000m² 이하로 할 수 있다.

① ㉠, ㉡
② ㉠, ㉢
③ ㉠, ㉡, ㉣
④ ㉠, ㉢, ㉣

36 ⓵②③

다음 조건의 장소에 설치되는 감지기의 최고 개수는?

- 주용도 : 사무실(바닥면적 210m²)
- 주요구조부 : 내화구조
- 감지기의 부착높이 : 3m
- 설치감지기 : 차동식스포트형 2종

① 6개　　　② 4개
③ 3개　　　④ 5개

38 ⓵②③

연면적 3,500m²인 특정소방대상물의 1층에 설치된 아래 수신기 상태를 보고 파악할 수 있는 내용으로 옳은 것은?

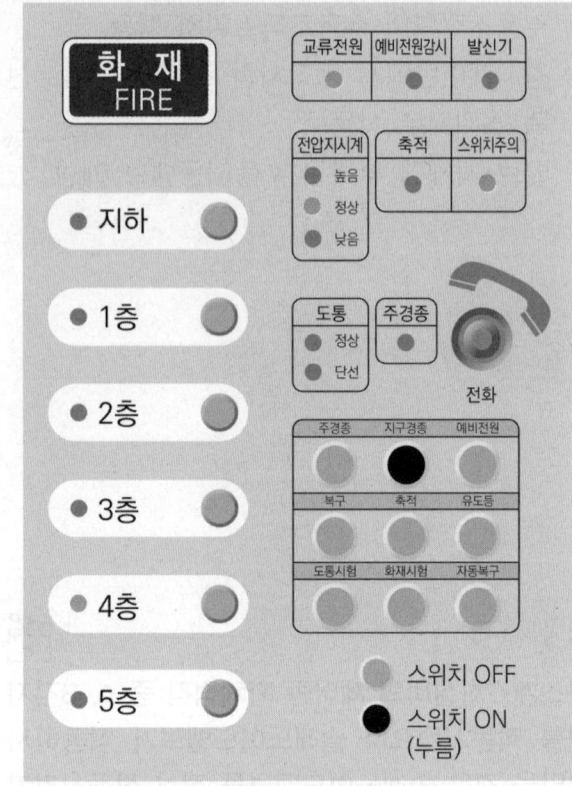

① 4층 발신기가 동작하였다.
② 모든 층에서 지구경종이 울리고 있다.
③ 4층과 5층에서만 지구경종이 울리고 있다.
④ 지구경종 버튼만 정상으로 만들면 스위치주의등은 소등된다.

37 ⓵②③

음향장치가 달린 수신기의 작동점검 결과가 아래와 같을 때 옳은 것은?

	전압	음향장치 음량 크기
지하1층	0[V]	100[dB]
1층	6[V]	80[dB]
2층	8[V]	90[dB]

① 지하1층 수신기의 전압은 정상이다.
② 1층, 2층 수신기의 음향장치의 음량크기는 정상이다.
③ 2층 수신기 전압은 불량이다.
④ 지하1층 수신기 음향장치 음량 크기는 정상이다.

39

소방대상물의 설치장소별 피난기구의 적응성에 대한 설명으로 옳지 않은 것은?

① 미끄럼대, 피난사다리, 구조대, 완강기, 다수인피난장비, 승강식피난기 – 영업장의 위치가 4층 이하인 다중이용업소
② 미끄럼대, 공기안전매트, 간이완강기 – 의료시설의 4층
③ 간이완강기 – 숙박시설의 3층 이상에 있는 객실
④ 공기안전매트 – 공동주택

40

유도등의 점검내용으로 옳지 않은 것은?

① 3선식 유도등은 수신기에서 수동으로 점등 시 일괄 점등이 되는지 확인한다.
② 2선식 유도등은 평상시 점등되어 있는지 확인한다.
③ 2선식 유도등을 절전을 위해 소등하는 경우 예비전원에 충전되는지 확인한다.
④ 3선식 유도등은 감지기를 작동시켜 점등이 되는지 확인한다.

41

소방계획의 주요원리 중 모든 형태의 위험을 포괄하고, 재난의 전주기적 단계의 위험성을 평가하는 것은 무엇인가?

① 통합적 안전관리
② 종합적 안전관리
③ 단편적 위험관리
④ 지속적 발전모델

42

다음 〈보기〉의 화재 시 피난행동에 대한 설명으로 옳은 것만 짝지은 것은?

| ㉠ 유도등, 유도표지를 따라 대피한다.
㉡ 아래층으로 대피가 불가능한 경우 옥상으로 대피한다.
㉢ 건물 밖으로 대피하지 못할 경우 화재확산이 적은 무창층으로 대피한다.
㉣ 화재 초기에는 엘리베이터를 이용하여 신속히 대피한다. |

① ㉡
② ㉠, ㉡
③ ㉠, ㉡, ㉢
④ ㉠, ㉡, ㉢, ㉣

43

소방안전관리대상물의 자위소방대 교육 및 훈련 계획에 대한 내용으로 옳은 것은?

① 교육·훈련 후 실시결과보고서를 작성하여 1년간 보관한다.
② 자위소방대 교육·훈련의 대상자는 자위소방대원, 대상물의 재실자, 종업원 방문자 등을 포함할 수 있다.
③ 대상물의 규모, 인원 및 이용형태와 관계없이 모든 훈련방법으로 실시한다.
④ 피난훈련은 자위소방대만을 대상으로 주간 및 야간훈련으로 나누어 실시한다.

44

다음 소방교육 및 훈련의 원칙 중 〈보기〉에 해당하는 것은?

○ 한 번에 한 가지씩 습득 가능한 분량을 교육 및 훈련시킨다.
○ 쉬운 것에서 어려운 것으로 교육을 실시하되 기능적 이해에 비중을 둔다.

① 학습자 중심의 원칙
② 목적의 원칙
③ 동기부여의 원칙
④ 관련성의 원칙

45

소방계획서의 작성과 관련된 내용으로 옳지 않은 것은?

① 소방안전관리대상물의 안전의식 및 안전문화 향상을 위해 화재예방 및 홍보 활동 내용을 포함한다.
② 소방계획에서 문서는 다양한 형태 및 형식으로 작성·관리가 가능하다.
③ 소방계획은 화재로 인한 재난의 예방·완화, 대비, 대응, 복구 등이 포함된 관리 및 대응계획으로 구성되어 있다.
④ 소방대상물 정보카드를 작성한 경우 입주사별 소방안전관리 현황은 작성하지 않아도 된다.

46

2023년 ○○건물의 자체점검결과이다. A~C실의 분말소화기의 작동점검결과가 아래 표와 같을 때, 점검표를 올바르게 작성한 것을 고르시오.

[분말소화기 점검 결과]

	A실	B실	C실
압력상태	0.7MPa	0.8MPa	0.6MPa
제조연월	2021.10	2014.02.	2015.11.

[작동점검표]

번호	점검항목	점검결과
1-A-0007	○ 지시압력계(녹색범위)의 적정여부	(ⓐ)
1-A-0008	○ 수동식, 분말소화기 내용연수(10년) 적정여부	(ⓑ)

	ⓐ	ⓑ
①	○	×
②	×	○
③	○	○
④	×	×

47 123

소방서장은 소방안전관리대상물의 관계인으로 하여금 합동소방훈련을 실시하게 할 수 있다. 이 경우, 합동소방훈련을 실시하게 할 수 있는 대상물에 해당되지 않는 것은?

① 연면적 30,000m²인 종합병원
② 층수가 12층인 업무시설
③ 연면적 20,000m²인 시외버스터미널
④ 지상 26층, 지하 3층인 아파트

48 123

장애인 및 노약자의 피난계획에 대한 내용으로 옳지 않은 것은?

① 장애 유형별 현황파악 및 피난보조자의 임무를 숙지한다.
② 교육 및 훈련을 통해 피난보조 능력을 향상시킨다.
③ 시각장애인에 대한 피난보조 시 시각적 전달을 위해 표정이나 제스처를 사용한다.
④ 비상구 위치 등 건물에 대해 숙지토록 한다.

49 123

화상환자의 이동 전 조치사항으로 옳은 것은?

① 환부에 수포가 생겼다면, 흉터가 생길 수 있으므로 터트려 준다.
② 환부에 오염의 우려가 있을 때 소독거즈가 있을 경우 화상부위를 덮어준다.
③ 환자가 착용한 옷가지가 피부조직에 붙었을 때에는 옷을 잘라내어 통풍이 잘되게 한다.
④ 화상 부위는 열기가 남은 상태로서 유사한 온도의 따뜻한 물에 씻어준다.

50 123

다음 피난안내도를 보고 이에 대한 설명으로 옳은 것은?

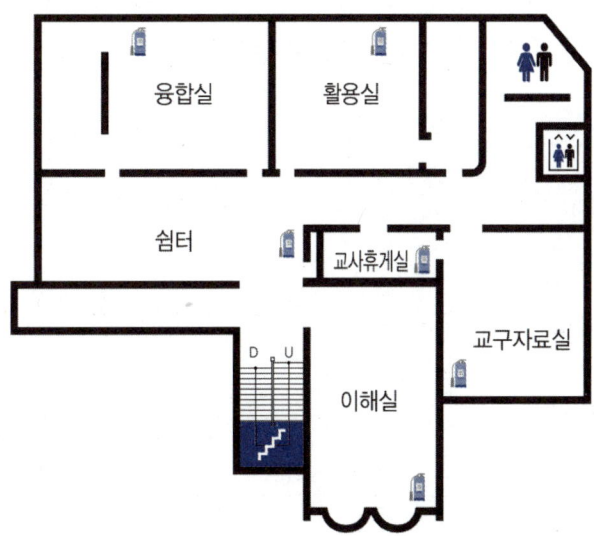

① 피난계획을 세울 때 2개 방향으로 피난할 수 있도록 계획한다.
② 이 층의 피난계단은 특별피난계단이다.
③ 계단이 연기로 가득하여 대피할 수 없을 경우 완강기를 이용하여 대피하도록 한다.
④ 이동이 불편한 장애인의 경우 2인 이상이 1조가 되어 피난을 보조한다.

FINAL 문제 4회

제1과목

01 1 2 3

소방안전관리 업무를 대행하는 자를 감독할 수 있는 자를 소방안전관리자로 선임하려고 한다. 선임이 가능한 경우는?

① 1급 소방안전관리대상물인 ABC빌딩에 1급 소방안전관리자 선임자격이 없는 관리소장
② 특급 소방안전관리대상물인 ABC빌딩에 특급 소방안전관리자 선임자격이 없는 관리소장
③ 10층, 연면적 25,000m²인 ABC빌딩에 1급 소방안전관리자 선임자격이 없는 소유자
④ 11층, 연면적 12,000m²인 ABC빌딩에 1급 소방안전관리자 선임자격이 없는 소유자

02 1 2 3

다음 〈보기〉는 건설현장 소방안전관리대상물에 대한 내용이다. ( ) 안에 들어갈 내용으로 알맞은 것은?

- 신축·증축·개축·재축·이전·용도변경 또는 대수선을 하려는 부분의 연면적의 합계가 (㉠) 이상인 것
- 신축·증축·개축·재축·이전·용도변경 또는 대수선을 하려는 부분의 연면적이 (㉡) 이상인 것 중 다음 어느 하나에 해당하는 것
  - 지하층의 층수가 2개층 이상인 것
  - 지상층의 층수가 (㉢) 이상인 것
  - 냉동창고, 냉장창고 또는 냉동·냉장창고

	㉠	㉡	㉢
①	15,000m²	9,000m²	10층
②	15,000m²	5,000m²	11층
③	20,000m²	9,000m²	10층
④	20,000m²	5,000m²	11층

03 [1][2][3]

소방안전관리자 갑과 소방안전관리보조자 을, 병, 정의 실무교육에 대한 내용으로 옳지 않은 이야기를 한 자는?

> 갑. 소방안전관리자로 최초로 선임된 경우 선임된 날로부터 6개월 이내에 실무교육을 받아야 한다.
> 을. 그 후에는 2년마다 1회 이상 실무교육을 받아야 한다.
> 병. 소방안전관리 강습교육을 받은 후 1년 이내에 소방안전관리자로 선임된 사람은 해당 강습교육을 수료한 날에 당해 실무교육을 이수한 것으로 본다.
> 정. 소방안전관리보조자의 경우 소방안전관리자 강습교육 또는 실무교육이나 소방안전관리보조자 실무교육을 받은 후 2년 이내에 소방안전관리보조자로 선임된 사람은 해당 강습교육을 수료하거나 실무교육을 이수한 날에 당해 실무교육을 이수한 것으로 본다.

① 갑 ② 을
③ 병 ④ 정

04 [1][2][3]

소방시설의 자체점검에 대한 설명으로 옳은 것은?

① 고시원업의 영업장이 설치된 연면적 5,000㎡인 특정소방대상물은 종합점검대상에 해당하지 않는다.
② 선임된 소방안전관리자는 선임자격의 종류와 무관하게 종합점검을 실시할 수 있는 자격자에 해당한다.
③ 특급 및 1급 소방안전관리대상물은 연 1회 자체점검을 실시하여야 한다.
④ 특정소방대상물의 규모, 설치된 소방시설, 건축물의 사용승인일에 따라 자체점검의 종류 및 실시하는 시기 등이 다르다.

05 [1][2][3]

소방안전관리대상물 근무자 및 거주자 등에 대한 소방훈련에 대한 내용으로 옳지 않은 것은?

① 소방안전관리대상물의 관계인은 근무자등에게 소방훈련과 소방안전관리에 필요한 교육을 하여야 한다.
② 2급 소방안전관리대상물의 관계인은 소방훈련 및 교육을 한 날부터 30일 이내에 소방훈련 및 교육 결과를 소방본부장 또는 소방서장에게 제출하여야 한다.
③ 소방안전관리대상물의 관계인은 연 1회 이상 실시하여야 한다.
④ 관계인은 소방훈련·교육실시 결과기록부를 2년간 보관해야 한다.

06 [1][2][3]

소방관계법령에서 정하는 방염기준에 대한 설명으로 옳지 않은 것은?

① 방염의 목적은 화재 시 연소확대 방지와 지연을 통해 피난시간을 확보하여 인명 및 재산 피해를 줄이는데 있다.
② 노유자 시설, 숙박이 가능한 수련시설, 숙박시설은 방염성능기준 이상의 실내장식물 등을 설치해야 하는 장소이다.
③ 가상체험 체육시설업에 설치하는 스크린은 방염대상 물품이다.
④ 현장처리물품의 성능검사는 한국소방산업기술원이 실시한다.

07

다음 중 건축물의 높이 산정에 대한 내용으로 옳은 것은?

① 건축물의 높이는 지하층부터 해당 건축물의 상단까지의 높이로 한다.
② 층의 구분이 명확하지 아니한 건축물은 높이 3m마다 하나의 층으로 산정한다.
③ 건축물의 옥상부분으로 수평투영면적의 합계가 해당 건축물의 건축면적의 1/6 이하인 것은 층수산정에서 제외한다.
④ 건축물의 지상층만으로 층수에 산입한다.

08

가연성 물질의 구비조건으로 옳은 것은?

① 표면적이 작다.
② 활성화 에너지의 값이 작다.
③ 열전도도가 크다.
④ 염소와의 친화력이 작다.

09

다음 중 중유의 연소범위 내에 해당하는 것은?

① 3vol%
② 7vol%
③ 9.5vol%
④ 15vol%

10

연소용어에 대한 설명으로 틀린 것은?

① 발화점은 외부로부터의 직접적인 에너지 공급 없이 착화가 되는 최고온도를 말한다.
② 인화점은 낮을수록 위험하다.
③ 연소점은 일반적으로 인화점보다 대략 10℃ 정도 높다.
④ 점화에너지를 제거하여도 5초 이상 연소상태가 유지되는 온도를 연소점이라 한다.

11

화재에 따른 소화방법으로 가장 적합한 것은?

① 목조건물 화재 시 이산화탄소 소화기로 억제소화한다.
② 경유탱크 화재 시 다량의 포(폼)를 방사하여 질식소화한다.
③ 칼륨 화재 시 다량의 물을 주수하여 냉각소화한다.
④ 통전 중인 변전실 화재 시 포소화기로 제거소화한다.

12

다음 특성을 가진 위험물은?

> 저온 착화하기 쉬운 가연성 물질로 연소 시 유독가스가 발생

① 제1류 위험물
② 제2류 위험물
③ 제3류 위험물
④ 제4류 위험물

13

전기안전 예방요령에 대한 내용으로 옳지 않은 것은?

① 전선은 묶거나 꼬이지 않도록 한다.
② 비닐장판 밑으로는 전선이 지나지 않도록 한다.
③ 플러그를 뽑을 때는 선을 당겨서 뽑는다.
④ 누전차단기를 설치하고 월 1~2회 동작 여부를 확인한다.

14

가스안전관리에 관한 설명으로 옳은 것은?

① 탐지대상 가스의 증기비중이 1보다 작은 경우 가스연소기 또는 관통부로부터 수평거리 4m 이내의 위치에 설치한다.
② C_3H_8의 폭발범위는 1.8~8.4%이다.
③ 액화천연가스의 주성분은 CH_4이다.
④ 탐지대상 가스의 증기비중이 1보다 큰 경우 천장면의 하방 30cm 이내의 위치에 설치한다.

15

다음 조건의 소방안전관리대상물에서 면적별 방화구획 최소 개수로 옳은 것은? (아래 조건 외에는 무시한다)

- 용도 : 업무시설
- 층수 : 지상 19층
- 바닥면적 : 각 층의 바닥면적 3,000m²
- 소방시설 설치현황 : 소화기, 스프링클러설비, 비상방송설비, 자동화재탐지설비, 비상콘센트설비 등

① 5층의 방화구획 최소 개수는 3개이다.
② 10층의 방화구획 최소 개수는 1개이다.
③ 13층의 방화구획 최소 개수는 13개이다.
④ 17층의 방화구획 최소 개수는 6개이다.

16

피난시설, 방화구획 및 방화시설의 유지·관리에 대한 내용으로 옳지 않은 것은?

① 임의구획으로 무창층을 발생하게 하는 행위는 변경행위에 해당한다.
② 화재 시 소방호스 전개상 걸림·꼬임현상 등 소화활동에 지장을 초래한다고 판단되는 행위는 금지행위에 해당한다.
③ 피난시설, 방화구획 및 방화시설의 유지·관리에 대한 조치명령권자는 시·도지사, 소방본부장 또는 소방서장이다.
④ 배연설비가 작동되지 아니하도록 기능에 지장을 주는 행위는 훼손행위에 해당한다.

17

방화문과 자동방화셔터에 대한 내용으로 옳지 않은 것은?

① 방화문은 항상 닫혀있는 구조여야 한다.
② 방화문이 항상 닫혀있지 않은 경우 화재발생시 불꽃, 연기 및 열에 의하여 자동으로 닫힐 수 있는 구조여야 한다.
③ 자동방화셔터는 불꽃이나 연기를 감지한 경우 완전 패쇄되는 구조여야 한다.
④ 자동방화셔터는 전동방식이나 수동방식으로 개폐될 수 있어야 한다.

18

목욕장을 제외한 근린생활시설, 위락시설, 장례시설의 연면적이 몇 m² 이상인 경우 모든 층에 자동화재탐지설비를 설치해야 하는가?

① 300m² 이상　　② 600m² 이상
③ 1,000m² 이상　④ 2,000m² 이상

19

다음 중 소화기구의 설치기준에 대한 설명으로 옳지 않은 것은?

① 특정소방대상물의 설치장소에 따라 적합한 종류의 것으로 한다.
② 보일러실 등 부속용도별로 사용되는 부분에 대하여는 소화기구의 능력단위를 추가하여 설치한다.
③ 소화기는 각층마다 설치하되, 특정소방대상물의 각 부분으로부터 1개의 소화기까지의 보행거리가 소형소화기의 경우 30m 이내에 배치한다.
④ 자동확산소화기를 제외한 소화기구는 바닥으로부터 높이 1.5m 이하의 곳에 비치한다.

20

옥내소화전설비 설치기준으로 옳지 않은 것은?

① 방수량은 130L/min 이상이어야 한다.
② 방수압력은 0.17MPa 이상 0.7MPa 이하여야 한다.
③ 방수구는 바닥으로부터 높이가 1.5m 이하가 되도록 해야 한다.
④ 호스의 구경은 65mm 이상의 것으로 해야 한다.

21

다음은 옥외소화전함에 대한 설명이다. ( ) 안에 들어갈 숫자의 합은?

> 옥외소화전설비에 옥외소화전마다 그로부터 ( )m 이내의 장소에 소화전함을 다음과 같이 설치한다.
> ㉠ 옥외소화전이 10개 이하 설치된 때 : 옥외소화전마다 ( )m 이내의 장소에 1개 이상의 소화전함 설치
> ㉡ 옥외소화전이 11개 이상 30개 이하 설치된 때 : ( )개 이상의 소화전함을 각각 분산하여 설치
> ㉢ 옥외소화전이 31개 이상 설치된 때 : 옥외소화전 ( )개마다 1개 이상의 소화전함 설치

① 23 ② 24
③ 25 ④ 26

22

스프링클러설비 배관에 대한 내용으로 옳은 것만 고르면?

> ㉠ 교차배관은 스프링클러헤드가 설치되어 있는 배관을 말한다.
> ㉡ 교차배관에서 분기되는 지점을 기준으로 한쪽 가지배관에 설치되는 헤드는 8개 이하여야 한다.
> ㉢ 교차배관은 가지배관과 수직 또는 밑에 설치한다.
> ㉣ 교차배관 중간에 청소구를 설치하고, 나사보호용의 캡으로 마감한다.

① ㉠ ② ㉡
③ ㉠, ㉡ ④ ㉠, ㉢, ㉣

23

펌프성능시험 중 150% 유량운전시험의 목적으로 맞는 것은?

① 펌프토출량을 "0"상태로 하여 릴리프밸브가 동작하는지를 확인하기 위한 시험이다.
② 정격압력 이상이 되는지를 확인하기 위한 시험이다.
③ 정격양정의 65% 이상이 되는지를 확인하기 위한 시험이다.
④ 펌프의 최대토출량을 확인하기 위한 시험이다.

24

연기에 포함된 미립자가 광원에서 방사되는 광속에 의해 산란반사를 일으키는 것을 이용하여 감지하는 방식의 감지기는?

① 차동식 스포트형
② 정온식 스포트형
③ 이온화식 스포트형
④ 광전식 스포트형

25

유도등 및 유도표지에 대한 내용으로 옳지 않은 것은?

① 공연장·집회장에는 대형피난구유도등, 통로유도등, 객석유도등을 설치해야 한다.
② 손님이 춤을 출 수 있는 무대가 설치된 카바레에는 중형피난구유도등, 통로유도등을 설치해야 한다.
③ 창고시설에는 소형피난구유도등, 통로유도등을 설치해야 한다.
④ 층수가 11층 이상인 특정소방대상물에는 중형피난구유도등, 통로유도등을 설치해야 한다.

제2과목

26 1 2 3

지하가 중 터널은 길이가 몇 m 이상일 경우 옥내소화전을 설치하는가?

① 500m   ② 1,000m
③ 600m   ④ 700m

27 1 2 3

준비작동식 스프링클러설비의 프리액션밸브 작동과 관계없는 것은?

① 밸브 개방표시등 점등
② 사이렌 경보
③ 압력스위치 작동
④ 방호구역 외부 방출표시등 점등

28 1 2 3

다음 중 스프링클러설비 음향장치 및 기동장치 점검사항으로 옳지 않은 것은?

① 유수검지에 따른 음향장치 작동 가능 여부 (습식·건식의 경우)
② 감지기 작동에 따라 음향장치 작동 여부(준비작동식 및 일제개방밸브의 경우)
③ 음향장치(경종 등) 변형·손상 확인 및 정상작동(음량 포함) 여부
④ 펌프 작동 여부 확인 표시등 및 음향경보장치 정상작동 여부

29 1 2 3

다음 〈그림〉은 가스계소화설비의 제어반이다. 제어반이 다음과 같은 상태일 때 감지기A와 감지기B를 작동시켰을 때 상태를 설명한 것으로 옳은 것은?

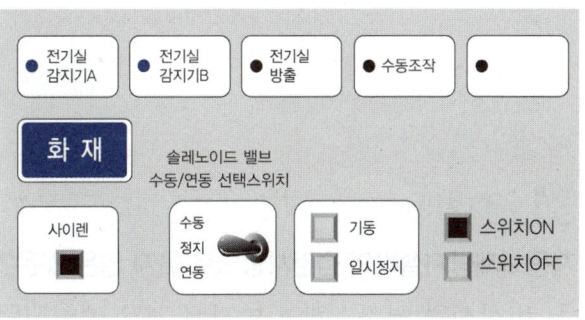

① 솔레노이드밸브가 작동하지 않고 화재경보기가 작동한다.
② 솔레노이드밸브가 작동하지 않고 화재경보기가 작동하지 않는다.
③ 솔레노이드밸브가 작동하고 화재경보기가 작동한다.
④ 솔레노이드밸브가 작동하고 화재경보기가 작동하지 않는다.

30 [1][2][3]

아래 〈사진〉의 가스계소화설비 기동용기함의 압력스위치를 점검하였을 때 확인해야 할 사항으로 옳지 않은 것은?

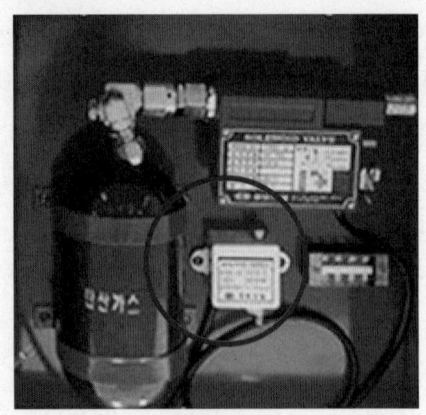

① 방출표시등 점등 확인
② 솔레노이드밸브의 작동
③ 수동조작함 방출등 점등 확인
④ 제어반 방출표시등 확인

31 [1][2][3]

자동화재탐지설비의 점검사항으로 옳지 않은 것은?

① 비상전원 연결소켓이 분리된 경우 예비전원 감시등이 점등된다.
② 수신기 내부의 퓨즈가 단선되면 퓨즈 옆에 적색 LED가 점등된다.
③ 점검시간을 단축하기 위하여 수신기를 축적 위치로 하고 감지기 점검을 실시한다.
④ 수신기에 공급되는 전압상태가 정상상태라면 교류전원등에 점등되고, 전압지시 표시등은 정상에 점등되어야 한다.

32 [1][2][3]

다음 중 수신기의 회로도통시험과 관련이 없는 것은?

① 도통시험스위치를 누른다.
② 회로선택스위치를 각 경계구역에 맞춰 회전시킨다.
③ 자동복구스위치를 눌러놓고 시험한다.
④ 전압계가 있는 경우 도통시험 시 정상전압은 4~8[V]이다.

33 [1][2][3]

다음 중 가스계소화설비의 점검 시 점검 전 안전조치를 순서대로 나열한 것은?

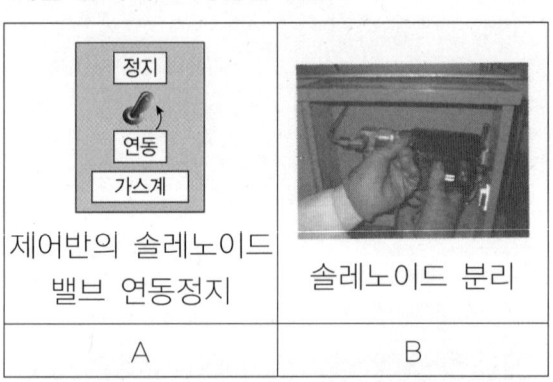

제어반의 솔레노이드 밸브 연동정지	솔레노이드 분리
A	B

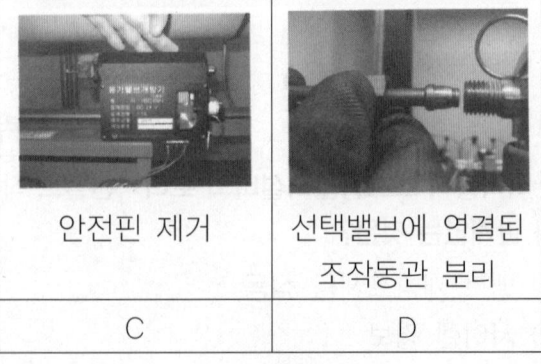

안전핀 제거	선택밸브에 연결된 조작동관 분리
C	D

① D - A - C - B ② D - B - A - C
③ D - A - B - C ④ D - B - C - A

34

가스계소화설비 점검을 위해 방호구역 내 교차회로(A, B) 감지기를 동작시켰을 때 확인사항으로 옳지 않은 것은?

① 경보발령여부 확인
② 솔레노이드밸브 작동 여부 확인
③ 방출표시등 점등 확인
④ 지연장치의 지연시간 체크 확인

35

다음은 ○○빌딩의 가스계소화설비의 감시제어반의 모습이다. 이 감시제어반의 문제점으로 옳지 않은 것은?

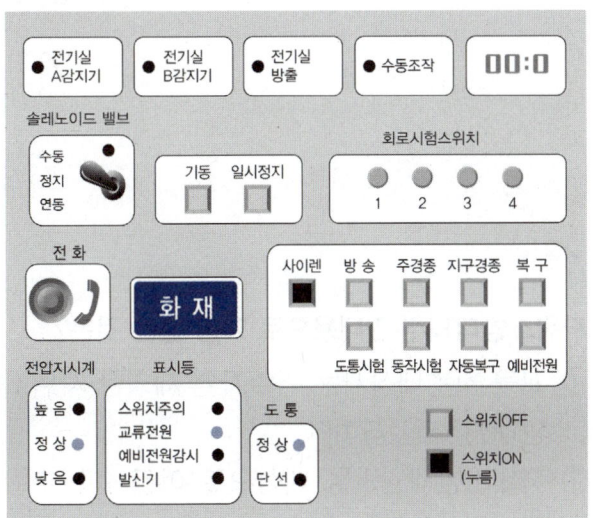

① 화재경보가 작동하지 않을 수 있다.
② 솔레노이브밸브가 수동으로 되어 있어 화재 시 자동으로 작동하지 않을 수 있다.
③ 교류전원으로 작동하고 있지 않다.
④ 화재표시등이 표시되지 않을 수 있다.

36

다음 소방대상물의 설치장소별 적응성으로 옳은 것은?

① 다중이용업소 5층에 간이완강기를 설치하였다.
② 다중이용업소 4층에 완강기를 설치하였다.
③ 교육연구시설 5층에 피난용트랩을 설치하였다.
④ 입원실이 있는 의원 3층에 미끄럼대를 설치하였다.

37

유도등 점검내용으로 옳지 않은 것은?

① 3선식 유도등은 수신기에서 수동으로 점등시킨 후 점등여부 확인
② 2선식 유도등일 경우 평상 시 점등되어 있는지 여부 확인
③ 3선식 유도등일 경우 감지기 또는 발신기를 현장에서 동작시켜 유도등이 점등되는지 확인
④ 수신기에서 예비전원 시험을 통해 유도등의 예비전원 상태 확인

38

소방계획의 내용으로 볼 수 없는 것은?

① 화재 예방을 위한 자체점검계획 및 진압대책
② 장애인 및 노약자의 피난계획을 포함한 피난계획
③ 소방설비의 유지관리계획
④ 화재예방강화지구의 지정

39

소방계획의 절차는 1단계(사전기획) → 2단계(위험환경 분석) → 3단계(설계/개발) → 4단계(시행/유지관리)의 단계를 거쳐 시행된다. 2단계 위험환경 분석 내용에 해당되지 않는 것은?

① 위험환경 식별
② 위험환경 예방·대응계획 수립
③ 위험환경 분석/평가
④ 위험경감대책 수립

40

다음 중 초기대응체계의 인원편성에 대한 설명으로 옳지 않은 것은?

① 소방안전관리대상물의 근무자의 근무위치, 근무인원 등을 고려하여 편성한다.
② 소방안전관리보조자, 경비근무자 또는 대상물 관리인 등 상시 근무자를 중심으로 구성한다.
③ 휴일 및 야간에 무인경비시스템을 통해 감시하는 경우에는 무인경비회사와 비상연락체계를 구축할 수 있다.
④ 소방안전관리의 책임자인 소방안전관리자를 대장으로 지정하고, 소유주 등 관리기관의 책임자를 부대장으로 지정하여 지휘체계를 명확하게 한다.

41

자위소방대의 훈련내용으로 가장 옳은 것은?

① 교육훈련 대상자는 거주자를 제외한 자위소방대원, 재실자이다.
② 자위소방대원만을 대상으로 야간 피난훈련을 실시한다.
③ 합동훈련은 자위소방대와 소방관서만 참여하여 실시한다.
④ 소방훈련 실시결과 기록은 2년간 보관해야 한다.

42 [1][2][3]

자동화재탐지설비의 자체점검 시 다음과 같은 시험을 점검하여 확인한 결과를 점검표에 작성하였을 때 점검결과를 잘못 작성한 것을 고르면?

〈점검 시 확인한 결과〉

㉠ 배전실 연기감지기가 불량으로 확인되었다.
㉡ 수신기에서 도통시험 실시 결과 단선이 표시되었다.
㉢ 수신기의 스위치주의표시등이 점멸을 반복하고 있었다.
㉣ 예비전원 시험결과 전원표시등이 녹색으로 점등되었다.

〈점검결과를 작성한 점검표〉
(양호 ○, 불량 ×, 해당없음 /)

	구분	점검항목	점검결과
①	전원	예비전원 점등 적정 여부	○
②	배선	수신기 도통시험 회로 정상 여부	×
③	수신기	조작스위치가 정상 위치에 있는지 여부	○
④	감지기	감지기 작동시험 적합 여부	×

43 [1][2][3]

응급처치 기본사항 중 기도확보에 대한 내용으로 옳지 않은 것은?

① 환자의 입(구강) 내에 이물질이 있을 경우 이물질이 빠져나올 수 있도록 기침을 유도한다.
② 만약 기침을 할 수 없는 경우에는 하임리히법을 실시한다.
③ 눈에 보이는 이물질은 손으로 꺼낸다.
④ 환자가 구토를 하는 경우 머리를 옆으로 돌려 구토물의 흡입으로 인한 질식을 예방해 주어야 한다.

44 [1][2][3]

피난·방화시설 중 계단에 대한 내용이다. ( ) 안에 들어갈 내용이 바르게 연결된 것은?

(㉠)	각 층에서 계단으로 가는데 계단실 앞 출입문이 1개 있음
(㉡)	각 층에서 계단으로 가는데 계단실 앞 출입문이 없음
(㉢)	각 층에서 계단으로 가는데 계단실 앞 출입문이 2개 있음

	㉠	㉡	㉢
①	직통계단	피난계단	특별피난계단
②	피난계단	직통계단	특별피난계단
③	특별피난계단	직통계단	피난계단
④	피난계단	특별피난계단	직통계단

45 [1][2][3]

아래 〈그림〉은 가스계소화설비의 감시제어반이다. 이에 대한 설명으로 옳지 않은 것은?

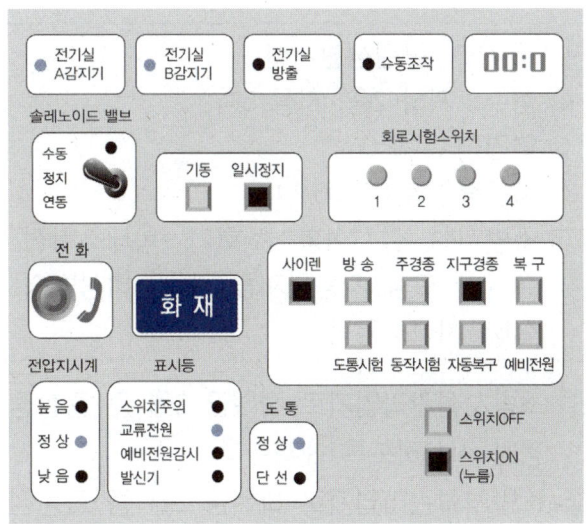

① 전기실 A,B감지기가 작동하였다.
② 전기실 출입문 위 약제방출표시등은 미점등 상태일 것이다.
③ 전기실에 소화약제가 방출되었다.
④ 지구경종은 울리지 않았다.

46 ①②③

다음은 가스계소화설비의 주요 구성요소 중 하나이다. 이에 대한 설명으로 옳지 않은 것은?

  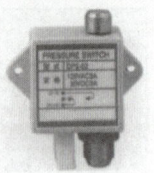

① 가스관 선택밸브 1차측에 설치한다.
② 소화약제 방출 시의 압력을 이용하여 접점신호를 형성한다.
③ 접점신호를 제어반에 입력시킨다.
④ 약제 방출표시등을 점등시키는 역할을 한다.

47 ①②③

다음은 □□건물의 개요이다. 2023년 소방시설등 자체점검 계획으로 가장 적합한 것은? (아래 조건을 제외한 것은 무시한다)

- 주용도 : 근린생활시설
- 층수 : 지하 2층, 지상 5층
- 연면적 : 4,850m²
- 사용승인일 : 2000.2.14.
- 소방시설 설치현황 : 소화기, 옥내소화전설비, 유도등, 자동화재탐지설비, 비상방송설비, 비상조명등

① 소방시설관리업자로 하여금 2월 중 종합점검만 실시하도록 계획한다.
② 소방시설관리업자로 하여금 2월 중 작동점검만 실시하도록 계획한다.
③ 소방시설관리업자로 하여금 2월 중 작동점검, 8월 중 종합점검을 실시하도록 한다.
④ 소방시설관리업자로 하여금 2월 중 종합점검, 8월 중 작동점검을 실시하도록 한다.

48 ①②③

자동화재탐지설비 자체점검항목 중 감시제어반 점검항목에 해당하지 않는 것은?

	점검항목
①	유수검지장치 작동 시 표시 및 경보 정상 작동 여부
②	유수검지장치의 감지나 기동용 수압개폐장치의 작동에 따른 펌프의 기동 확인
③	펌프별 자동·수동 전환스위치 정상작동 여부
④	펌프 작동 여부 확인 표시등 및 음향경보장치 정상작동 여부

49 ①②③

다음은 ○○건물에서 작성한 피난계획의 일부이다. 이에 대한 설명으로 옳지 않은 것은?

○○건물 피난계획		
피난인원	근무자 5명, 거주자 15명	
경보방식	☑ 일제경보방식 □ 우선경보방식	
피난경로	제1피난로	동측계단
	제2피난로	서측계단
재해약자	□ 고령자 ☑ 영유아 ☑ 이동장애	

① 두 개의 피난계단을 이용하여 피난하는 것으로 계획을 수립해야 한다.
② 일제경보방식은 화재감지 시 모든 층에 경보를 발생시키는 방식이다.
③ 고령자, 영유아 등 재해약자를 위한 피난계획을 강구해야 한다.
④ 소방계획서 작성 시 피난계획 관련 사항을 포함시켜야 한다.

50 ① ② ③

피난계획 수립 시 장애유형별 피난을 보조하는 방법에 대한 설명으로 맞지 않는 것은?

① 지체장애인 - 2인 이상이 1조가 되어 피난을 보조하고 장애 정도에 따라 보조기구를 적극 활용한다.
② 청각장애인 - 표정이나 제스처를 사용하고 조명을 적극 활용하며 메모를 이용한 대화도 효과적이다.
③ 시각장애인 - 피난보조자는 팔과 어깨에 살며시 기대도록 하여 안내하며 계단, 장애물 등을 미리 알려준다.
④ 지적장애인 - 빠르고 큰 어조로 도움을 주러 왔음을 밝히고 피난을 보조한다.

FINAL 문제 5회

제1과목

01

다음 중 화재예방강화지구에 포함되는 지역이 아닌 것은?

① 노후·불량건축물이 밀집한 지역
② 고층건축물이 밀집한 지역
③ 공장·창고가 밀집한 지역
④ 위험물의 저장 및 처리 시설이 밀집한 지역

02

다음 중 소방기본법상 양벌규정의 적용을 받지 않는 것은?

① 화재 또는 구조·구급이 필요한 상황을 거짓으로 알린 사람
② 피난명령을 위반한 자
③ 화재가 발생하거나 불이 번질 우려가 있는 소방대상물 및 토지의 강제처분을 방해한 자
④ 사람을 구출하는 일 또는 불을 끄거나 불이 번지지 아니 하도록 하는 일을 방해한 사람

03

위반행위에 따른 법률상 과태료 부과기준이 잘못 짝지어진 것은?

	위반행위	과태료
①	화재 또는 구조·구급이 필요한 상황을 거짓으로 알렸다.	500만원 이하
②	소방자동차의 출동에 지장을 주었다.	200만원 이하
③	허가 없이 소방활동구역에 출입하였다.	100만원 이하
④	소방자동차 전용구역에 주차하였다.	100만원 이하

04

다음 중 옳지 않은 것은?

① 소방관서장은 소방시설등이 소방관계법령에 적합하게 설치·관리되고 있는지 확인하기 위하여 화재안전조사를 실시할 수 있다.
② 소방안전관리 업무 수행에 관한 사항은 화재안전조사 항목에 포함된다.
③ 소방관서장은 조사대상, 조사기간 및 조사사유 등 조사계획을 소방관서의 홈페이지나 전산시스템을 통하여 7일 이상 공개해야 한다.
④ 시·도지사는 화재가 발생하면 인명 또는 재산의 피해가 클 것으로 예상되는 경우에는 필요한 조치를 명할 수 있다.

05

연면적 42,000m²인 업무시설에 선임해야 할 소방안전관리자 및 소방안전관리보조자의 최소인원은?

① 소방안전관리자 1명, 소방안전관리보조자 1명
② 소방안전관리자 2명, 소방안전관리보조자 1명
③ 소방안전관리자 1명, 소방안전관리보조자 2명
④ 소방안전관리자 2명, 소방안전관리보조자 2명

06

아래 표는 A건물의 일반현황이다. 이 건물의 소방안전관리자로 선임될 수 없는 자는?

규모/구조	연면적 11,000m²/ 철근콘크리트조
용도	판매시설
소방시설	자동화재탐지설비, 물분무등소화설비, 스프링클러설비, 소화용수설비, 소화기
건축물현황	지하 4층, 지상 5층

① 1급 소방안전관리자 강습교육을 수료한 자
② 위험물산업기사
③ 의용소방대원으로 3년 근무하고 2급 소방안전관리자 시험에 합격한 자
④ 소방공무원으로 3년 근무한 경력이 있는 자

07

다음 중 특정소방대상물의 관계인의 업무가 아닌 것은?

① 화기취급의 감독
② 초기대응체계의 구성·운영·교육
③ 방화시설의 유지·관리
④ 소방시설의 유지·관리

08

소방안전관리자의 선임 및 해임에 대한 내용으로 옳은 것은?

① 관계인이 소방안전관리자를 선임하지 아니한 경우 300만원 이하의 벌금에 처한다.
② 특정소방대상물의 관계인은 소방안전관리자를 해임한 경우 14일 이내에 소방안전관리자를 선임해야 한다.
③ 관계인이 소방안전관리자를 해임한 경우 14일 이내에 관할 소방서장에게 신고해야 한다.
④ 관계인이 소방안전관리자를 선임한 경우 30일 이내에 한국소방안전원장에게 신고해야 한다.

09

건설현장 소방안전관리대상물이 아닌 것은?

① 대수선하려는 부분의 연면적의 합계가 18,000m²인 경우
② 12층 건물로 용도변경하려는 부분의 연면적이 6,000m²인 경우
③ 냉동창고로 신축하려는 부분의 연면적이 7,000m²인 경우
④ 지하1층 건물로 개축하려는 부분의 연면적이 5,000m²인 경우

10

아래 내용에 해당하는 사람에게 적용할 수 있는 벌칙사항으로 옳은 것은?

- 소방시설·피난시설·방화시설 및 방화구획 등이 법령에 위반된 것을 발견하고도 필요한 조치를 요구하지 않은 소방안전관리자
- 소방안전관리자를 선임하지 아니한 자

① 300만원 이하의 과태료
② 300만원 이하의 벌금
③ 1년 이하의 징역 또는 1천만원 이하의 벌금
④ 3년 이하의 징역 또는 3천만원 이하의 벌금

11

무창층의 설명으로 맞는 것은?

① 지름 50cm 이하의 원이 통과할 수 있는 크기일 것
② 해당 층의 바닥면으로부터 개구부의 밑부분까지의 높이가 1.5m 이내일 것
③ 개구부의 면적의 합계가 해당 층의 바닥면적의 $\frac{1}{50}$ 이하일 것
④ 화재 시 건축물로부터 쉽게 피난할 수 있도록 창살이나 그 밖의 장애물이 설치되어 있지 아니할 것

12

다음 중 방염성능기준 이상의 실내장식물 등을 설치하여야 할 장소가 아닌 것은?

① 체력단련장
② 실내 배드민턴장
③ 11층 아파트
④ 의료시설 중 종합병원

13

아래 소방대상물에 대한 설명으로 옳지 않은 것은? (아래 제시된 사항 외에는 무시함)

용도	업무시설
규모	지상 7층, 지하 3층
연면적	6,500m²
구조	내화구조
건축물 사용승인일	2018.4.17
소방시설	소화기, 옥내소화전설비, 스프링클러설비, 자동화재탐지설비, 유도등

① 특정소방대상물이다.
② 종합점검 대상이다.
③ 2급 소방안전관리대상물이다.
④ 매년 4월 말까지 작동점검을 실시하면 된다.

14

다음은 건축용어에 대한 설명이다. ( ) 안에 알맞은 것은?

> (㉮) : 기존 건축물의 전부 또는 일부[내력벽·기둥·지붕틀 중 (㉯) 이상이 포함되는 경우를 말한다]를 철거하고, 그 대지 안에 종전과 동일한 규모의 범위 안에서 건축물을 다시 축조하는 것을 말한다.

① ㉮ : 재축, ㉯ : 3개
② ㉮ : 개축, ㉯ : 4개
③ ㉮ : 재축, ㉯ : 4개
④ ㉮ : 개축, ㉯ : 3개

15

가연성 물질의 구비조건으로 옳은 것은?

① 연소열이 작다.
② 열전도율이 작다.
③ 건조도가 낮다.
④ 산소와의 친화력이 작다.

16

다음 중 화기취급작업에 해당하는 것을 모두 고르면?

> ㉠ 용접·용단작업
> ㉡ 연마기로 철근을 연마하는 작업
> ㉢ 대형 인두기로 구리 배관을 땜(Soldering, Brazing)하는 작업
> ㉣ 드릴로 철판을 뚫는 작업
> ㉤ 인화성 및 산화성 물질을 취급하는 작업

① ㉠, ㉡
② ㉡, ㉢, ㉣
③ ㉠, ㉡, ㉢, ㉣
④ ㉠, ㉡, ㉢, ㉣, ㉤

17 [1][2][3]
다음 중 휘발유의 연소범위 내에 해당하는 것은?
① 0.4vol%   ② 3vol%
③ 8vol%   ④ 9.8vol%

18 [1][2][3]
다음은 연소의 특성에 대한 설명이다. 옳지 않은 것을 모두 고른 것은?

> ㉠ 연소범위에서 외부의 직접적인 점화원에 의해 인화될 수 있는 최저온도를 '발화점'이라고 한다.
> ㉡ 외부의 직접적인 점화원 없이 가열된 열축적에 의하여 착화되는 최저온도를 '인화점'이라고 한다.
> ㉢ 연소상태가 계속될 수 있는 온도를 '착화점'이라고 한다.
> ㉣ 연소점은 일반적으로 인화점보다 10℃ 높다.

① ㉠   ② ㉠, ㉡
③ ㉠, ㉡, ㉢   ④ ㉠, ㉡, ㉢, ㉣

19 [1][2][3]
화재의 분류로 잘못된 것은?
① 목탄 – 일반화재 – A급 화재
② 중유 – 유류화재 – B급 화재
③ 메탄 – 일반화재 – C급 화재
④ 식물성유지 – 주방화재 – K급 화재

20 [1][2][3]
연기가 신체에 미치는 영향으로 잘못 설명된 것은?
① 시야를 감퇴하여 피난행동 및 소화활동을 저해한다.
② 연기성분 중 유독물의 발생으로 생명이 위험하다.
③ 정신적으로 긴장 또는 패닉현상에 빠지게 되는 2차적 재해의 우려가 있다.
④ 최근 건물화재의 특징은 방염(난연)처리된 자재를 사용하여 연소 자체가 억제되어 소량의 연기입자 및 유독가스가 발생하는 특징이 있다.

21

다음 소화방법 중 물리적 작용에 의한 소화가 아닌 것은?

① 연쇄반응의 중단에 의한 소화
② 화염의 불안정화에 의한 소화
③ 농도 한계에 의한 소화
④ 연소에너지 한계에 의한 소화

22

용접작업의 화재 위험성에 대한 내용으로 옳지 않은 것은?

① 용접작업 시에 작은 입자의 용적들이 비산하는 현상을 스패터 현상이라고 한다.
② 아크용접에서는 가스폭발, 아크 휨, 짧은 아크 등일 경우 스패터 현상이 발생하게 된다.
③ 가스용접에서는 용접의 불꽃의 세기가 강할 경우 스패터 현상 발생률이 높아진다.
④ 용접 불티의 비산거리는 실내에서 무풍 시에는 약 11m 정도이다.

23

위험물안전관리자에 대한 다음 내용 중 ( ) 안에 들어갈 알맞게 짝지은 것은?

> • 제조소등의 관계인은 위험물안전관리자를 해임하거나 퇴직한 때에는 그 날부터 (㉠) 이내에 다시 선임하여야 한다.
> • 제조소등의 관계인은 위험물안전관리자를 선임한 날로부터 (㉡) 이내에 소방본부장 또는 소방서장에게 신고하여야 한다.

① ㉠ 14일, ㉡ 30일
② ㉠ 30일, ㉡ 14일
③ ㉠ 7일, ㉡ 14일
④ ㉠ 14일, ㉡ 7일

24

다음 〈보기〉의 특성을 가진 위험물에 해당하는 것은?

> • 가연성으로 산소를 함유하고 있다.
> • 가열, 충격, 마찰 등에 의해 착화 및 폭발한다.
> • 연소속도가 매우 빨라서 소화가 곤란하다.

① 제2류 위험물
② 제3류 위험물
③ 제5류 위험물
④ 제6류 위험물

25 ① ② ③

전기 화재의 주요 원인으로 옳지 않은 것은?

① 전기기계기구의 누전에 의한 발화
② 멀티콘센트의 허용전류를 초과해서 발생하는 과전류에 의한 발화
③ 전선이 무거운 물건 등에 눌렸을 때 단락에 의한 발화
④ 열선 및 전기기계기구 등의 절연으로 인한 발화

제 2 과목

26 ① ② ③

소화기의 지시압력과 옥내소화전의 방수압력이 아래와 같을 때 옳은 것은?

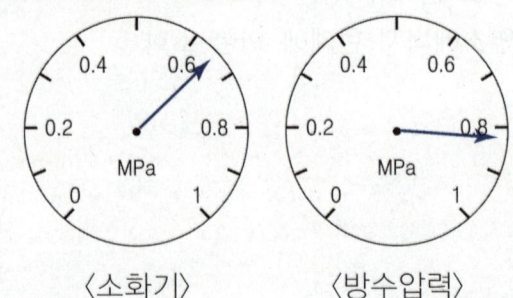

〈소화기〉 〈방수압력〉

	소화기	방수압력
①	양호	양호
②	양호	불량
③	불량	양호
④	불량	불량

27 ① ② ③

다음 특정대상물별 소화기구의 능력단위 기준을 나타내는 표에서 ( ) 안에 들어갈 수 없는 것은?

특정소방대상물	소화기구의 능력단위
( )	해당 용도의 바닥면적 100m²마다 능력단위 1단위 이상

① 근린생활시설   ② 의료시설
③ 공동주택   ④ 방송통신시설

28 [1][2][3]

다음 옥내소화전설비의 동력제어반의 상태가 아래와 같을 때 평상 시 상태로 하기 위한 조치로 옳지 않은 것은?

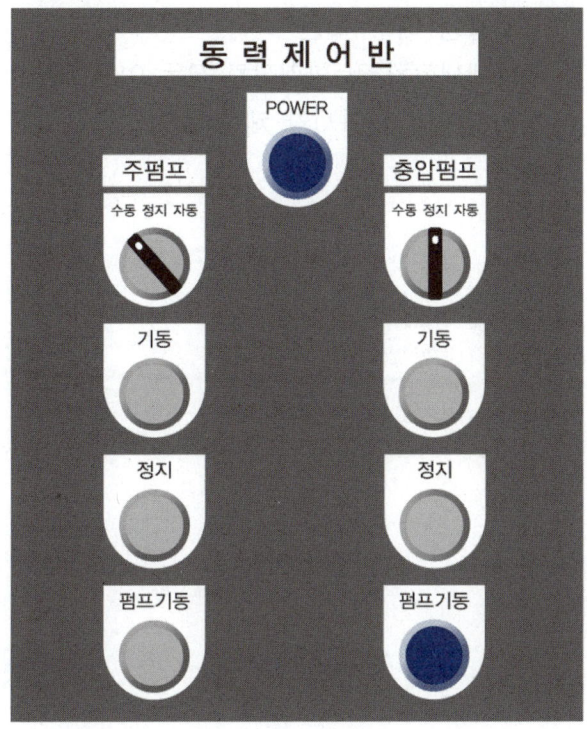

① 주펌프 정지표시등이 점등되어야 한다.
② 충압펌프를 기동해야 한다.
③ 충압펌프 작동 스위치를 자동으로 절환해야 한다.
④ 주펌프 작동 스위치를 자동으로 절환해야 한다.

29 [1][2][3]

아래 습식 스프링클러설비의 작동순서로 맞는 것은?

① ㉢ - ㉣ - ㉡ - ㉠
② ㉢ - ㉡ - ㉠ - ㉣
③ ㉢ - ㉡ - ㉣ - ㉠
④ ㉢ - ㉣ - ㉠ - ㉡

30 [1][2][3]

준비작동식 유수검지장치를 작동시키는 방법으로 틀린 것은?

① 해당 방호구역의 감지기 2개 회로 작동
② 밸브 자체에 부착된 수동기동밸브 개방
③ SVP(수동조작함)의 수동조작스위치 작동
④ 감시제어반(수신기)에서 동작시험 스위치 또는 회로선택스위치로 작동

31 [1][2][3]

감시제어반(준비작동식)에 감지기 A와 화재표시등에 적색등이 점등되고 있다면 일어나는 현상은?

① 방호구역 내 음향장치(사이렌)가 작동한다.
② 스프링클러 헤드가 개방된다.
③ 펌프가 작동한다.
④ 밸브 1차측 물이 2차측으로 넘어간다.

33 [1][2][3]

다음 중 가스계소화설비의 동작확인 내용으로 옳지 않은 것은?

① 작동계통 정상 여부 확인
② 경보발령 여부 확인
③ 자동폐쇄장치 및 환기장치 작동 여부 확인
④ 지연장치의 지연시간 체크 확인

32 [1][2][3]

아래 그림에서 설명하는 계단이 각각 옳게 연결된 것은?

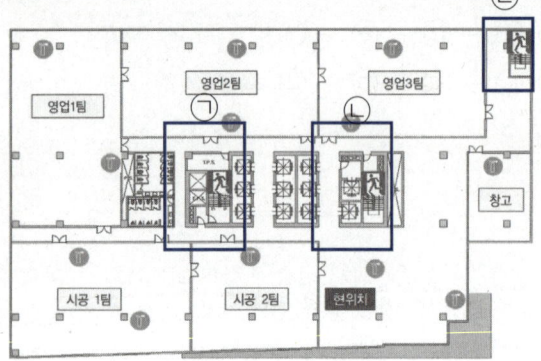

㉠ 피난동선은 옥내 → 부속실 → 계단실 → 피난층이다.
㉡ 건축물의 내부 다른 부분과 방화구획 및 계단실과 옥내 사이에 부속실을 설치한 계단이다.
㉢ 피난동선은 옥내 → 계단실 → 피난층이다.

	㉠	㉡	㉢
①	피난계단	특별피난계단	피난계단
②	피난계단	특별피난계단	특별피난계단
③	특별피난계단	특별피난계단	피난계단
④	특별피난계단	피난계단	특별피난계단

34 [1][2][3]

로터리 방식 자동화재탐지설비의 회로 도통시험의 적부판정방법에 대한 내용으로 옳지 않은 것은?

① 전압계가 있는 경우 단선이면 0V를 가리킨다.
② 도통시험 확인등이 있는 경우 정상인 경우 녹색으로 점등된다.
③ 전압계가 있는 경우 정상이면 22~24V를 가리킨다.
④ 도통시험 확인등이 있는 경우 단선인 경우 적색으로 점등된다.

35

자동화재탐지설비의 예비전원시험에 대한 내용으로 옳지 않은 것은?

① 예비전원 시험스위치를 누르고 있을 경우에만 시험 가능하다.
② 전압계인 경우 정상이면 14~28V를 가리킨다.
③ 램프방식인 경우 정상이면 녹색등이 점등된다.
④ 예비전원의 전압 및 상호 자동절환이 정상인지 확인한다.

36

다음 전압계가 있는 수신기의 도통시험 결과와 각 층의 동작시험에 따른 음향장치의 음량 크기를 측정한 점검결과에 대한 설명으로 옳지 않은 것은?

〈점검결과〉

경계구역 (층)	수신기 도통시험(V)	수신기 동작시험 시 음량 크기
지하1층	0V	100db
1층	6V	90db
2층	4V	80db

① 지하1층의 도통시험 결과는 불량이다.
② 1층 음향장치의 음량 크기는 정상이다.
③ 2층 음향장치의 음량 크기는 정상이다.
④ 2층의 도통시험 결과는 정상이다.

37

피난계획수립 절차를 순서대로 알맞게 연결한 것은?

> ㉠ 피난경로 설정
> ㉡ 피난전략 수립
> ㉢ 피난유도
> ㉣ 집결지
> ㉤ 피난약자 파악등

① ㉠ → ㉡ → ㉤ → ㉢ → ㉣
② ㉠ → ㉡ → ㉢ → ㉤ → ㉣
③ ㉡ → ㉠ → ㉤ → ㉢ → ㉣
④ ㉡ → ㉤ → ㉠ → ㉢ → ㉣

38

다음 소방대상물의 설치장소별 피난기구의 적응성으로 옳지 않은 것은?

① 공연장 4층에 피난사다리를 설치하였다.
② 노유자시설 5층에 미끄럼대를 설치하였다.
③ 다중이용업소 4층에 완강기를 설치하였다.
④ 교육연구시설 3층에 미끄럼대를 설치하였다.

39 [1][2][3]

자체점검 전 준비사항에 해당하지 않는 것은?

① 협의나 협조 받을 건물 관계인 등 연락처를 사전 확보
② 기존의 점검자료 및 조치결과 있다면 점검 전 참고
③ 음향장치 및 각 실별 방문점검을 미리 공지
④ 점검의 목적과 필요성에 대하여 건물 관계인에게 사전 안내

40 [1][2][3]

유도등을 나타낸 아래 그림을 보고 옳지 않은 것을 고르시오.

① ㉠은 통로유도등, ㉡은 피난구유도등, ㉢은 객석유도등이다.
② ㉠은 각각 복도, 거실 및 계단 통로 유도등으로 구분된다.
③ ㉡은 피난구의 바닥으로부터 1m 이하로서 출입구에 인접한 곳에 설치하여야 한다.
④ ㉢은 객석통로의 직선부분의 길이가 43m이면 10개를 설치하여야 한다.

41 [1][2][3]

다음 중 소방계획의 주요내용에 대한 내용으로 틀린 것은?

① 소방안전관리대상물에 설치한 전기시설·수도시설·가스시설 및 위험물시설현황
② 화재예방을 위한 자체점검계획 및 진압대책
③ 소방교육 및 훈련에 관한 계획
④ 소방안전관리대상물의 위치·구조·연면적·용도·수용인원 등 일반현황

42 [1][2][3]

다음 대상물의 소방전용 최소 저수량으로 옳은 것은? (아래 제시된 사항 외에는 무시한다. 저수량 산정 시 각 설비별 저수량을 모두 합한 것이다)

- 용도 : 업무시설
- 층수 : 지하 2층, 지상 7층
- 연면적 : 45,000m²
- 소방시설물 설치현황 : 옥내소화전설비, 옥외소화전설비, 스프링클러설비
- 옥내소화전설비 : 각 층마다 5개 설치
- 옥외소화전설비 : 3개
- 스프링클러설비 : 지하층(준비작동식), 지상층(습식), 헤드의 부착높이 5m

① 5.2m³
② 14m³
③ 35.2m³
④ 67.2m³

43

2급 소방안전관리자의 소방계획서 작성항목으로 잘못 연결된 것은?

①	예방	자체점검 및 업무대행
②	대비	자위소방대 조직·운영
③	대응	교육 및 훈련
④	복구	피해복구지원

44

자위소방대의 소방활동으로 잘못 연결된 것은?

① 피난유도 – 위험물시설에 대한 제어 및 비상반출
② 초기소화 – 초기소화설비를 이용한 조기 화재진압
③ 비상연락 – 화재신고 및 통보연락 업무
④ 응급구조 – 응급의료소 설치·지원

45

자위소방대 초기대응체계의 인원편성에 대해 틀린 것은?

① 소방안전관리보조자, 경비근무자 또는 대상물 관리인 등 상시 근무자를 중심으로 구성한다.
② 소방안전관리대상물의 근무자의 근무위치, 근무인원 등을 고려하여 편성한다.
③ 초기대응체계편성 시 2명 이상은 수신반에 근무해야 한다.
④ 휴일 및 야간에는 무인경비회사와 비상연락체계를 구축할 수 있다.

46

2023년 소방시설 작동점검을 실시하여 A~C실의 분말소화기 점검결과가 아래 표와 같을 때 점검표를 올바르게 작성한 것은?

	A실	B실	C실
압력상태	0.7MPa	0.8MPa	0.9MPa
제조연월	2010.4	2020.7	2015.3

[작동점검표]

번호	점검항목	점검결과
1-A-007	• 지시압력계(녹색범위)의 적정여부	(ⓐ)
1-A-008	• 수동식 분말소화기 내용연수(10년) 적정여부	(ⓑ)

	ⓐ	ⓑ
①	○	×
②	○	○
③	×	○
④	×	×

47 ① ② ③

다음 〈그림〉과 같은 장소에 차동식 스포형 감지기 2종을 설치하는 경우 최소 감지기 소요개수는? (단, 주요구조부는 내화구조이고, 설치높이는 5m이다)

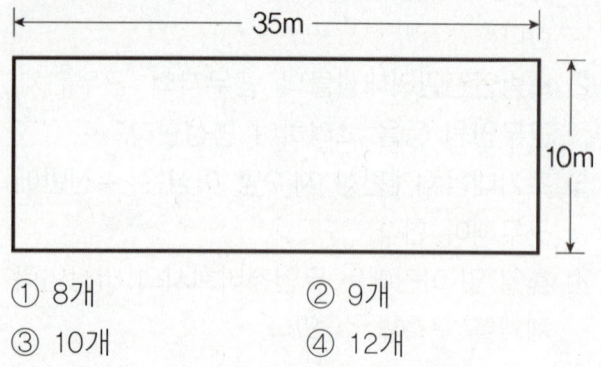

① 8개 ② 9개
③ 10개 ④ 12개

48 ① ② ③

화상 환자 이동 전 조치사항으로 틀린 것은?
① 화상부위를 흐르는 물에 식혀준다.
② 옷가지가 피부조직에 붙어 있을 때에는 옷을 잘라낸다.
③ 식용기름을 바르는 일이 없도록 한다.
④ 소독거즈로 화상부위를 덮어준다.

49 ① ② ③

성인심폐소생술에 대한 설명으로 옳지 않은 것은?
① 가슴 압박은 성인에서 분당 100~120회의 속도로 한다.
② 가슴 압박은 5cm 깊이로 강하고 빠르게 시행한다.
③ 양팔을 쭉 편 상태로 체중을 실어서 환자의 몸과 수직이 되도록 가슴을 압박하고, 압박된 가슴이 완전히 이완되지 않도록 주의한다.
④ 심폐소생술은 환자가 회복되거나 119구급대가 현장에 도착할 때까지 지속되어야 한다.

50 ① ② ③

다음 소방교육 및 훈련의 원칙 중 〈보기〉에 해당하는 것은?

| 보기 |
- 교육의 중요성을 전달해야 한다.
- 전문성을 공유해야 한다.
- 교육에 재미를 부여해야 한다.

① 학습자 중심의 원칙
② 실습의 원칙
③ 경험의 원칙
④ 동기부여의 원칙

2024 시험대비

2급 FINAL
동형모의고사문제집

정답 및 해설

FINAL 정답 및 해설 1회

▶ 는 유튜브 "에듀마켓" 무료강의 제공

1회차 정답

1	2	3	4	5
③	②	④	③	②
6	7	8	9	10
③	②	③	②	①
11	12	13	14	15
③	④	③	②	③
16	17	18	19	20
②	③	③	②	④
21	22	23	24	25
①	③	②	③	④
26	27	28	29	30
④	③	③	④	①
31	32	33	34	35
①	②	②	②	④
36	37	38	39	40
②	①	②	③	②
41	42	43	44	45
④	③	④	②	④
46	47	48	49	50
②	③	④	②	②

제1과목

01

다음은 소방관계법령에 관한 설명으로 옳지 않은 것을 모두 고르면?

㉠ 소방기본법은 화재를 예방·경계하거나 진압하고 화재, 재난·재해, 그 밖의 위급한 상황에서의 구조·구급 활동 등을 통하여 국민의 생명·신체 및 재산을 보호함으로써 공공의 안녕 및 질서 유지와 복리증진에 이바지함을 목적으로 한다.

㉡ 화재예방강화지구란 소방관서장이 화재 발생 우려가 크거나 화재가 발생할 경우 피해가 클 것으로 예상되는 지역에 대하여 화재의 예방 및 안전관리를 강화하기 위해 지정·관리하는 지역을 말한다.

㉢ 소방대상물은 건축물, 차량, 바다에서 운행중인 선박, 선박 건조 구조물, 산림, 그 밖의 인공구조물 또는 물건을 말한다.

㉣ 소방관서장은 소화 활동에 지장을 줄 수 있다고 인정되는 물건 등을 보관하는 경우에는 그 날부터 14일 동안 해당 소방관서의 인터넷 홈페이지에 그 사실을 공고해야 한다.

㉤ 단독주택 및 공동주택(아파트 및 기숙사 포함)의 소유자는 소화기 및 단독경보형 감지기를 설치할 수 있다.

① ㉡, ㉢, ㉣, ㉤ ② ㉠, ㉤
③ ㉡, ㉢, ㉤ ④ ㉡, ㉣

정답 ③

해설

㉡ 화재예방강화지구란 **시·도지사**가 화재발생 우려가 크거나 화재가 발생할 경우 피해가 클 것으로 예상되는 지역에 대하여 화재의 예방 및 안전관리를 강화하기 위해 지정·관리하는 지역을 말한다.

㉢ 항구에 매어둔 선박만 해당되고, 바다에서 **운행 중인 선박은 제외**된다.

㉤ 단독주택 및 공동주택(아파트 및 기숙사 **제외**)의 소유자는 소화기 및 단독경보형 감지기를 설치**하여야 한다**.

02

소방기본법상 벌칙이 가장 무거운 것은?

① 정당한 사유 없이 물의 사용이나 수도의 개폐장치의 사용 또는 조작을 하지 못하게 하거나 방해한 자
② 사람을 구출하는 일 또는 불을 끄거나 불이 번지지 아니하도록 하는 일을 방해한 사람
③ 정당한 사유 없이 소방대의 생활안전활동을 방해한 자
④ 피난명령을 위반한 자

정답 ②

해설

①③④는 모두 100만원 이하의 벌금에 처할 사유에 해당한다.
② 사람을 구출하는 일 또는 불을 끄거나 불이 번지지 아니하도록 하는 일을 방해한 사람은 5년 이하의 징역 또는 5천만원 이하의 벌금에 처한다.

03

방염처리된 물품의 사용을 권장할 수 있는 경우가 아닌 것은?

① 의료시설에서 사용하는 침구류
② 노유자 시설에서 사용하는 소파 및 의자
③ 숙박시설에서 사용하는 침구류
④ 종교집회장에서 사용하는 소파 및 의자

정답 ④

해설

▶ 방염처리된 물품의 사용을 권장할 수 있는 경우
  ㉠ 다중이용업소, 의료시설, 노유자 시설, 숙박시설 또는 장례식장에서 사용하는 침구류·소파 및 의자
  ㉡ 건축물 내부의 천장 또는 벽에 부착하거나 설치하는 가구류

04

화재예방강화지구로 설정할 수 있는 지역이 아닌 것은?

① 시장지역
② 목조건물이 밀집한 지역
③ 다중이용업소가 밀집한 지역
④ 소방출동로가 없는 지역

정답 ③

해설
다중이용업소가 밀집한 지역은 화재예방강화지구로 설정할 수 있는 지역이 아니다.

▶ 화재예방강화지구
㉠ 시장지역
㉡ 공장·창고가 밀집한 지역
㉢ 목조건물이 밀집한 지역
㉣ 노후·불량건축물이 밀집한 지역
㉤ 위험물의 저장 및 처리 시설이 밀집한 지역
㉥ 석유화학제품을 생산하는 공장이 있는 지역
㉦ 「산업입지 및 개발에 관한 법률」 제2조제8호에 따른 산업단지
㉧ 소방시설·소방용수시설 또는 소방출동로가 없는 지역
㉨ 「물류시설의 개발 및 운영에 관한 법률」 제2조제6호에 따른 물류단지
㉩ 그 밖에 위 ㉠부터 ㉨까지에 준하는 지역으로서 소방관서장이 화재예방강화지구로 지정할 필요가 있다고 인정하는 지역

05

다음 중 관리업자가 대행할 수 있는 업무를 모두 고르면?

㉠ 피난계획에 관한 사항과 대통령으로 정하는 사항이 포함된 소방계획서의 작성 및 시행
㉡ 자위소방대 및 초기대응체계의 구성, 운영 및 교육
㉢ 피난시설, 방화구획 및 방화시설의 관리
㉣ 소방시설이나 그 밖의 소방관련 시설의 관리

① ㉠, ㉡
② ㉢, ㉣
③ ㉠, ㉡, ㉢
④ ㉠, ㉡, ㉢, ㉣

정답 ②

해설

▶ 관리업자가 대행하는 업무 범위(대통령령으로 정하는 업무)
ⓐ 피난시설, 방화구획 및 방화시설의 관리
ⓑ 소방시설이나 그 밖의 소방관련 시설의 관리

06

다음 자체점검에 관한 설명 중 옳지 않은 것은?

① 관리업자등은 자체점검을 실시한 경우 점검이 끝난 날부터 10일 이내에 소방시설등 자체점검 실시결과 보고서에 소방시설등 점검표를 첨부하여 관계인에게 제출하여야 한다.
② 자체점검결과를 2년간 보관하여야 한다.
③ 관계인이 점검한 경우 점검인력 배치확인서를 작성한다.
④ 자체점검결과 보고를 마친 관계인은 보고한 날로부터 10일 이내에 소방시설등 자체점검기록표를 작성하여 특정소방대상물의 출입자가 쉽게 볼 수 있는 장소에 30일 이상 게시하여야 한다.

정답 ③

해설
점검인력 배치확인서는 관리업자가 점검한 경우만 해당된다.

07

아래 소방대상물에 대한 설명으로 옳지 않은 것은? (아래 제시된 사항 외에는 무시함)

용도	근린생활시설		
규모	지상 2층, 지하 1층	연면적	1,450m²
구조	내화구조	건축물 사용승인일	2015.3.15
소방시설	소화기, 옥내소화전설비, 자동화재탐지설비, 유도등		

① 특정소방대상물이다.
② 종합점검 대상이다.
③ 2급 소방안전관리대상물이다.
④ 매년 3월 말까지 작동점검을 실시하면 된다.

정답 ②

해설
연면적이 1,450m²이고 스프링클러설비가 설치되어 있지 않은 특정소방대상물이므로 종합점검 대상이 아닌 작동점검 대상이다. 건축물 사용승인일이 2015년 3월 15일이므로 매년 3월 말까지 작동점검을 실시하면 된다.

08

소방시설에 폐쇄·차단 등의 행위를 하여 사람을 상해에 이르게 한 때의 벌칙은?

① 3년 이하의 징역 또는 3천만원 이하의 벌금
② 5년 이하의 징역 또는 5천만원 이하의 벌금
③ 7년 이하의 징역 또는 7천만원 이하의 벌금
④ 10년 이하의 징역 또는 1억원 이하의 벌금

정답 ③

해설
소방시설에 폐쇄·차단 등의 행위를 하여 사람을 상해에 이르게 한 때에는 7년 이하의 징역 또는 7천만원 이하의 벌금에 처한다.

09

다음 중 대수선에 해당하는 것을 모두 고르면?

	내력벽	기둥	보	지붕틀
㉠	20m²	2개	1개	-
㉡	-	3개	-	2개
㉢	30m²	-	2개	-
㉣	-	1개	2개	-

① ㉠, ㉡
② ㉡, ㉢
③ ㉠, ㉢, ㉣
④ ㉠, ㉡, ㉢, ㉣

정답 ②

해설
대수선에 해당하는 것은 ㉡, ㉢이다.
㉡ 기둥 3개를 수선했으므로 대수선에 해당한다.
㉢ 내력벽 30m²를 수선했으므로 대수선에 해당한다.

10

건축에 대한 용어 설명이다. ( ) 안에 들어갈 내용을 알맞게 짝지은 것은?

- (㉠) : 기존 건축물의 전부 또는 일부를 철거하고 그 대지 안에 종전과 같은 규모의 범위에서 건축물을 다시 축조하는 것을 말한다.
- (㉡) : 건축물이 천재지변이나 기타 재해에 의하여 멸실된 경우에 그 대지 안에 종전과 같은 규모의 범위에서 건축물을 다시 축조하는 것을 말한다.

	㉠	㉡
①	개축	재축
②	재축	개축
③	증축	개축
④	재축	증축

정답 ①

해설
- (㉠개축) : 기존 건축물의 전부 또는 일부를 철거하고 그 대지 안에 종전과 같은 규모의 범위에서 건축물을 다시 축조하는 것을 말한다.
- (㉡재축) : 건축물이 천재지변이나 기타 재해에 의하여 멸실된 경우에 그 대지 안에 종전과 같은 규모의 범위에서 건축물을 다시 축조하는 것을 말한다.

11

다음 중 가연물질의 구비조건으로 옳은 것만 고른 것은?

㉠ 활성화에너지의 값이 작아야 한다.
㉡ 산소와 결합할 때 발연량이 작아야 한다.
㉢ 열전도도가 작아야 한다.
㉣ 산소의 친화력이 강해야 한다.
㉤ 비표면적이 큰 물질이어야 한다.

① ㉠, ㉡
② ㉠, ㉡, ㉢
③ ㉠, ㉢, ㉣, ㉤
④ ㉠, ㉡, ㉢, ㉣, ㉤

정답 ③

해설
㉡ 산소와 결합할 때 발연량이 커야 한다.

12

연소의 3요소를 분리하여 소화하는 방법에 해당하지 않는 것은?

① 이산화탄소소화약제로 소화하는 방법
② 촛불을 입으로 불어 끄는 방법
③ 가스밸브를 폐쇄하여 소화하는 방법
④ 할론소화약제로 소화하는 방법

정답 ④

해설

④ 할론소화약제로 소화하는 방법은 연소의 4요소에 포함되는 연쇄반응을 억제하여 소화시키는 것으로 연소의 3요소를 분리하는 소화방법에 해당하지 않는다.
① 이산화탄소소화약제에 의한 소화는 연소물의 점화원을 연소범위 이하로 냉각하여 소화하는 방법이다.
②③ 촛불을 입으로 불어 끄는 방법, 가스밸브를 폐쇄하여 소화하는 방법은 모두 가연물을 제거하여 소화하는 방법이다.

13

다음 〈보기〉에서 설명하는 것은?

㉠ 화재 시 열의 이동에 가장 크게 작용하는 열 이동방식
㉡ 열에너지를 파장의 형태로 방사
㉢ 양지바른 곳에서 햇볕을 쬐면 따뜻한 것

① 대류   ② 전도
③ 복사   ④ 기류

정답 ③

해설

화재 시 열의 이동에 가장 크게 작용하는 열 이동방식은 복사(Radiation)이다.

14

아래와 같은 방법으로 불을 소화하였다. 각 소화방법의 연결이 바른 것은?

> ㉠ 주방에서 프라이팬으로 요리하다 불이 붙어 프라이팬 뚜껑을 재빨리 덮었더니 불이 꺼졌다.
> ㉡ 캠프파이어 후 불 속에 넣었던 목재를 꺼냈더니 잠시 후 불이 꺼졌다.

	㉠	㉡
①	제거소화	냉각소화
②	질식소화	제거소화
③	억제소화	냉각소화
④	질식소화	냉각소화

정답 ②

해설

㉠ 불이 붙은 프라이팬에 뚜껑을 재빨리 덮으면 프라이팬에 있던 공기 중 산소농도를 15% 이하로 떨어뜨리게 되어 소화하는 방법으로 **질식소화**에 해당한다.

㉡ 캠프파이어 후 불 속에 있는 목재를 꺼내서 불을 끄는 것은 가연물을 제거하여 소화하는 방법으로 **제거소화**에 해당한다.

15

용접(용단) 작업 시 비산불티의 특성으로 옳은 것만 짝지은 것은?

> ㉠ 용접(용단) 작업 시 수 천개의 비산된 불티 발생
> ㉡ 비산불티는 풍향, 풍속 등에 상관없이 비산거리는 동일
> ㉢ 비산불티는 약 1,600℃ 이상의 고온체이다.
> ㉣ 비산불티는 짧게는 작업과 동시에서부터 수 분 사이, 길게는 수 시간 이후에도 화재가능성이 있다.

① ㉠, ㉡
② ㉠, ㉡, ㉢
③ ㉠, ㉢, ㉣
④ ㉠, ㉡, ㉢, ㉣

정답 ③

해설

㉡ 비산불티는 풍향, 풍속 등에 의해 비산거리가 상이하다.

16

위험물안전관리에 대한 내용 중 옳은 것은?
① 산화성 또는 발화성 등의 성질을 가지는 것을 위험물이라고 한다.
② 유황의 지정수량은 100kg이다.
③ 위험물안전관리자를 해임하면 14일 이내에 관할 소방서장에게 신고해야 한다.
④ 중유는 제6류 위험물에 해당한다.

정답 ②

해설
① **인화성** 또는 **발화성** 등의 성질을 가지는 것으로 대통령령이 정하는 물품을 위험물이라고 한다.
③ 위험물안전관리자를 해임하면 **30일** 이내에 다시 선임해야 하고, 선임한 날부터 14일 이내에 관할 소방본부장 또는 소방서장에게 신고해야 한다. 해임한 것을 신고해야 하는 규정은 없다.
④ 중유는 **제4류** 위험물에 해당한다.

17

전기 화재의 주요원인으로 옳지 않은 것은?
① 누전차단기의 고장에 의한 발화
② 전선이 무거운 물건 등에 눌렸을 때 단락에 의한 발화
③ 배선 및 전기기계기구 등의 절연으로 인한 발화
④ 멀티콘센트의 허용전류를 초과해서 발생하는 과전류에 의한 발화

정답 ③

해설
배선 및 전기기계기구 등의 절연은 화재 발생을 방지하기 위한 것으로 전기 화재의 주요 원인에 해당하지 않는다.

18

액화석유가스(LPG)에 대한 설명으로 옳지 않은 것은?

① C_3H_8, C_4H_{10}이 주성분이다.
② 비중은 1.5~2로 누출 시 낮은 곳에 체류한다.
③ 폭발범위는 5~15%이다.
④ 주로 가정용, 공업용, 자동차 연료용으로 사용된다.

정답 ③

해설
폭발범위는 프로판(C_3H_8)은 2.1~9.5%, 부탄(C_4H_{10})은 1.8~8.4%이다. 5~15%는 액화천연가스(LNG)의 폭발범위이다.

19

다음 중 피난시설, 방화구획 및 방화시설의 불법행위 중 폐쇄행위에 해당하는 않는 것은?

① 건축법령에 의거 설치한 피난·방화시설을 화재 시 사용할 수 없도록 폐쇄하는 행위
② 방화문에 고임장치 등 설치 또는 자동폐쇄장치를 제거하여 그 기능을 저해하는 행위
③ 용접, 조적, 쇠창살 등으로 비상(탈출)구의 개방이 불가능하도록 하는 행위
④ 비상구 등에 잠금장치를 설치하여 누구나 쉽게 열 수 없도록 하는 행위

정답 ②

해설
방화문에 고임장치 등 설치 또는 자동폐쇄장치를 제거하여 그 기능을 저해하는 행위는 피난시설, 방화구획 및 방화시설의 훼손행위에 해당한다.

20

다음 중 물분무등소화설비에 해당하지 않는 것은?
① 포소화설비
② 할론소화설비
③ 분말소화설비
④ 스프링클러설비

정답 ④

해설
스프링클러설비는 물분무등소화설비에 해당하지 않는다.
▶ 물분무등소화설비
  ㉠ 물분무소화설비
  ㉡ 미분무소화설비
  ㉢ 포소화설비
  ㉣ 이산화탄소소화설비
  ㉤ 할론소화설비
  ㉥ 할로겐화합물 및 불활성기체소화설비
  ㉦ 분말소화설비
  ㉧ 강화액소화설비
  ㉨ 고체에어로졸소화설비

21

다음 중 자동화재탐지설비의 소방시설 적용기준으로 옳지 않은 것은?
① 교육연구시설로서 연면적 1,500m² 이상
② 업무시설로서 연면적 1,000m² 이상
③ 판매시설로서 연면적 1,000m² 이상
④ 근린생활시설(목욕장 제외)로서 연면적 600m² 이상

정답 ①

해설
교육연구시설로서 연면적 2,000m² 이상인 경우 자동화재탐지설비를 설치해야 한다.

22

2개의 옥내소화전설비가 설치된 특정소방대상물에서 동시에 방류할 경우 각 소화전 노즐에서 측정 시 요구되는 정상범위의 방수량과 방수압력에 해당하는 것은?

① 100L/min 이상, 0.8MPa
② 100L/min 이상, 0.17MPa
③ 130L/min 이상, 0.17MPa
④ 130L/min 이상, 0.8MPa

정답 ③

해설
2개의 옥내소화전설비가 설치된 특정소방대상물에서 동시에 방류할 경우 각 소화전 노즐에서 측정 시 요구되는 정상범위의 방수량은 130L/min 이상, 방수압력은 0.17MPa 이상 0.7MPa 이하의 성능이 요구된다.

23

지하 1층, 지상 7층인 근린생활시설로 사용되는 ○○건물이 폐쇄형 스프링클러헤드를 사용하는 경우 요구되는 저수량으로 옳은 것은?

① 30개×3.2m³ 이상×20분 이상
② 30개×1.6m³ 이상×20분 이상
③ 20개×1.6m³ 이상×20분 이상
④ 20개×3.2m³ 이상×20분 이상

정답 ②

해설
지하층을 제외한 층수가 10층 이하인 특정소방대상물 중 근린생활시설의 기준개수는 30개이고, 30층 이하 특정소방대상물에서 폐쇄형 스프링클러헤드를 사용하는 경우 헤드 기준개수×1.6m³ 이상이고 20분 이상 방수할 수 있는 저수량이 필요하므로 30개×1.6m³ 이상×20분 이상이어야 한다.

24

자동화재탐지설비의 음향장치 설치기준으로 옳지 않은 것은?

① 지구음향장치는 소방대상물의 각 부분으로부터 음향장치까지의 수평거리가 25m 이하마다 설치
② 음량은 부착된 음향장치의 중심으로부터 1m 떨어진 위치에서 90dB 이상
③ 공동주택을 제외한 층수가 11층 이상의 특정소방대상물의 2층 이상의 층에서 발화시 발화층 및 직상층에 경보
④ 층수가 16층 이상인 공동주택의 2층 이상의 층에서 발화시 발화층 및 직상 4개 층에 경보

정답 ③

해설
층수가 11층(공동주택의 경우 16층) 이상의 특정소방대상물의 2층 이상의 층에서 발화한 때에는 **발화층 및 그 직상 4개층**에 경보를 발할 것

25

지하상가에 설치된 비상조명등의 유효 작동시간은?

① 20분 이상
② 30분 이상
③ 40분 이상
④ 60분 이상

정답 ④

해설
지하층을 제외한 층수가 11층 이상의 층이거나 지하층 또는 무창층으로서 용도가 도매시장·소매시장·여객자동차터미널·지하역사 또는 지하상가인 경우 60분 이상 작동되어야 한다.

제 2 과목

26

다음은 ○○건물의 피난안내도이다. 피난계획을 세울 때 맞지 않는 내용은?

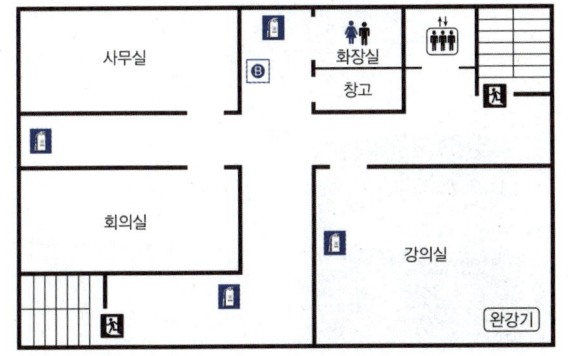

① 피난동선은 양쪽 계단을 이용하여 양 방향으로 대피하도록 계획한다.
② 계단이 연기로 가득하여 대피할 수 없을 경우 완강기를 이용하여 대피하도록 한다.
③ 피난유도선 및 유도등을 따라 대피할 수 있도록 한다.
④ 이동이 불편한 장애인의 경우 엘리베이터를 이용하여 신속히 대피하도록 해야 한다.

정답 ④
해설
엘리베이터는 절대로 이용하지 않도록 하며 계단을 이용하여 옥외로 대피한다.

27

다음 ㉠에 들어갈 수 없는 것은?

특정소방대상물	소화기구의 능력단위
㉠	해당 용도의 바닥면적 50m²마다 능력단위 1단위 이상

① 집회장 ② 문화재
③ 근린생활시설 ④ 장례식장

정답 ③
해설
근린생활시설은 해당 용도의 바닥면적 100m²마다 능력단위 1단위 이상을 설치해야 하는 특정소방대상물에 해당한다.

28

주거용 주방자동소화장치의 점검내용으로 옳지 않은 것은?

① 예비전원시험
② 감지부 시험
③ 알람밸브 확인
④ 약제 저장용기 점검

정답 ③

해설

▶ 주거용 주방자동소화장치의 점검내용
  ㉠ 가스누설탐지부의 점검
  ㉡ 가스누설차단밸브 시험
  ㉢ 예비전원시험
  ㉣ 감지부 시험
  ㉤ 제어반(수신반) 점검
  ㉥ 약제 저장용기 점검

29

감지기 시험기를 이용하여 감지기의 동작시험을 실시하였으나 감지기가 동작되지 않아 전류전압측정계로 감지기 회로의 전압을 측정한 결과가 아래 〈사진〉과 같을 경우 옳은 것은?

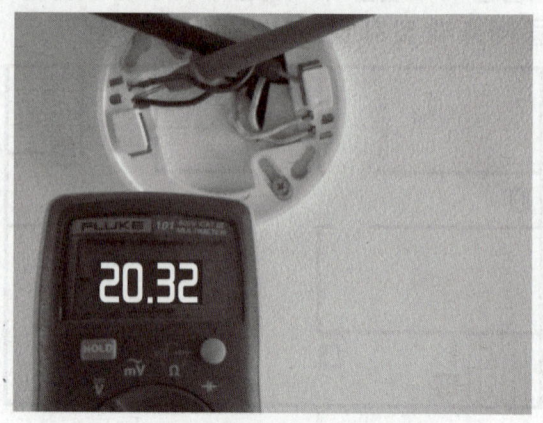

※ 감지기의 정격전압은 24V이다.

① 수신기의 전원스위치기가 OFF상태이므로 ON의 위치로 한다.
② 감지기 전압 측정결과 20.32V이므로 회로가 단선되었다.
③ 위와 같은 결과로 보았을 때, 회로도통시험 시 도통시험표시등의 적색등이 점등된다.
④ 정격전압의 80% 이상이므로 감지기 불량의 원인이 될 수 있다.

정답 ④

해설

① 수신기의 전원스위치 OFF 상태와 점검결과와는 관련 없다.
② 감지기 전압 측정결과 20.32V로 정격전압 80% 이상일 경우 감지기 불량이다. 회로 단선인 경우는 0V일 때이다.
③ 도통시험표시등의 적색등이 점등되는 것은 단선(0V)일 경우이다.

30

다음 〈보기〉의 스프링클러설비에 대한 설명 중 옳은 것을 모두 고른 것은? (부압식은 제외한다)

㉠ 유수검지장치를 기준으로 2차측에 가압수가 있는 방식은 습식이다.
㉡ 유수검지장치 등을 기동하기 위한 화재감지기가 필요한 방식은 준비작동식, 일제살수식이다.
㉢ 유수검지장치에 전자밸브가 부착되어 있는 방식은 준비작동식, 일제살수식이다.
㉣ 시험밸브는 습식방식에만 설치된다.

① ㉠, ㉡, ㉢
② ㉡, ㉢, ㉣
③ ㉠, ㉢, ㉣
④ ㉠, ㉡, ㉢, ㉣

정답 ①

해설
㉣ 시험밸브는 습식뿐만 아니라 건식에도 설치된다.

31

아래 〈그림〉의 습식 스프링클러설비 작동순서로 알맞은 것을 고르면?

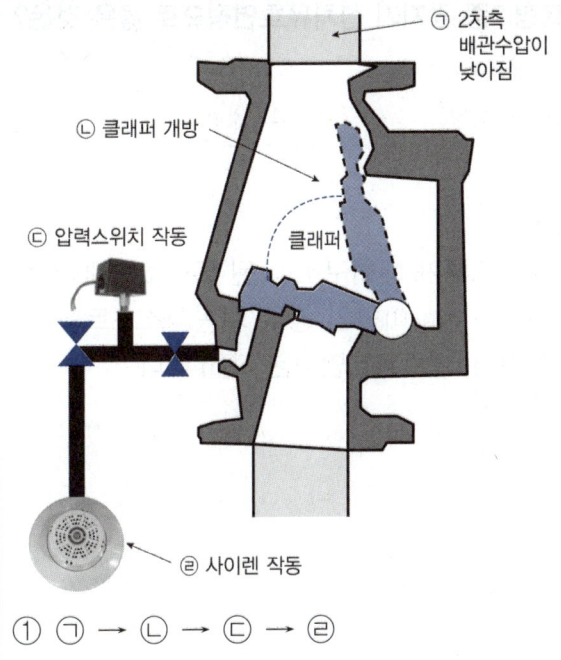

① ㉠ → ㉡ → ㉢ → ㉣
② ㉡ → ㉠ → ㉢ → ㉣
③ ㉢ → ㉠ → ㉡ → ㉣
④ ㉢ → ㉡ → ㉠ → ㉣

정답 ①

해설
습식 스프링클러설비는 ㉠(2차측 배관의 수압이 낮아짐) → ㉡(클래퍼 개방) → ㉢(압력스위치 작동) → ㉣(사이렌 작동) 순서로 작동된다.

32

감지기 부착높이가 3m인 주요구조가 내화구조로 된 특정소방대상물에 설치하는 차동식스포트형 2종 감지기 설치유효면적으로 옳은 것은?

① 90m² ② 70m²
③ 40m² ④ 35m²

정답 ②

해설
주요구조부가 내화구조로 된 특정소방대상물에 부착높이 4m 미만인 경우 차동식스포트형 2종 감지기의 설치유효면적은 70m²이다.

33

자동화재탐지설비의 예비전원시험을 아래와 같이 실시하였다. 옳지 않은 것은?

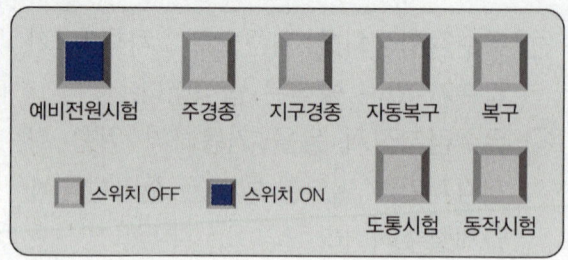

① 예비전원시험스위치를 누른 상태에서 점검해야 한다.
② 전압계의 전압이 낮은 경우 주경종이 울려야 한다.
③ 상용전원이 사고 등으로 정전된 경우 자동적으로 예비전원으로 절환되는지 확인해야 한다.
④ 램프방식인 경우 녹색등이 점등되는지 확인해야 한다.

정답 ②

해설
전압계의 전압이 낮다고 해서 주경종이 울리지는 않는다.

34

○○아파트의 2023년 자체점검계획이다. ☑ 표시가 잘못된 것은?

〈소방안전관리대상물 정보카드〉

명칭	○○아파트(공동주택)
규모/구조	지상 30층, 지하3층
연면적	175,000m²
소방시설	소화기, 옥내소화전설비, 스프링클러설비, 자동화재탐지설비, 제연설비
사용승인일	2017년 3월 14일

〈자체점검계획〉

점검대상	① ☑ 스프링클러설비 □ 물분무등소화설비+5천m² 이상
점검자격	□ 소방안전관리자로 선임된 소방시설관리사 ② ☑ 소방시설관리대행업자
점검시기 결과보고	③ ☑ 작동점검 : 2023.9.25 ④ ☑ 종합점검 : 2023.3.17

정답 ②

해설
소방시설관리대행업자가 아니고 소방시설관리업자여야 한다.

35

다음 자동화재탐지설비 점검항목 중 배선 항목에 해당하는 것은?

	점검번호	점검항목
①	15-B-002	○ 조작스위치가 정상 위치에 있는지 여부
②	15-B-006	○ 수신기 음향기구의 음량·음색 구별 가능 여부
③	15-H-002	○ 예비전원 성능 적정 및 상용전원 차단 시 예비전원 자동전환 여부
④	15-I-003	○ 수신기 도통시험 회로 정상 여부

정답 ④

해설
'수신기 도통시험 회로 정상 여부'가 배선 점검항목에 해당한다.

36

다음 중 스프링클러설비 점검항목 중 펌프작동 항목에 해당하는 것은?

	점검번호	점검항목
①	3-K-011	○ 펌프 작동 여부 확인 표시등 및 음향경보장치 정상작동 여부
②	3-G-011	○ 유수검지장치의 발신이나 기동용 수압개폐장치의 작동에 따른 펌프 기동 확인
③	3-K-012	○ 펌프별 자동·수동 전환스위치 정상작동 여부
④	3-G-001	○ 유수검지에 따른 음향장치 작동 가능 여부

정답 ②

해설

▶ 스프링클러설비 점검항목 중 펌프작동 항목

점검번호	점검항목
3-G-011	○ 유수검지장치의 발신이나 기동용 수압개폐장치의 작동에 따른 펌프 기동 확인
3-G-012	○ 화재감지기의 감지나 기동용 수압개폐장치의 작동에 따른 펌프의 기동 확인

37

자위소방대 초기대응체계의 인원편성에 대해 틀린 것은?

① 소방안전관리보조자, 경비근무자 또는 대상물 관리인, 방문자로 편성한다.
② 소방안전관리대상물의 근무자의 근무위치, 근무인원 등을 고려하여 편성한다.
③ 초기대응체계편성 시 1명 이상은 수신반에 근무해야 한다.
④ 휴일 및 야간에 무인경비시스템을 통해 감시하는 경우에는 무인경비회사와 비상연락체계를 구축할 수 있다.

정답 ①

해설

소방안전관리보조자, 경비(보안)근무자 또는 대상물 관리인 등 상시 근무자를 중심으로 구성한다.

38

객석통로의 직선부분의 길이가 24m일 때 객석통로유도등의 설치개수로 맞는 것은?

① 4개
② 5개
③ 6개
④ 7개

정답 ②

해설

객석통로유도등의 설치개수

$= \dfrac{\text{객석통로의 직선부분의 길이(m)}}{4} - 1$

$= \dfrac{24}{4} - 1 = 5(\text{개})$ 이다.

39

유도등의 설치높이로 잘못된 것은?

① 계단통로유도등 - 1m 이하
② 복도통로유도등 - 1m 이하
③ 거실통로유도등 - 1m 이하
④ 피난구유도등 - 1.5m 이상

정답 ③

해설

거실통로유도등은 1.5m 이하이다.

▶ 유도등의 설치 높이(㉠㉡⑤)

1m 이하	1.⑤m 이상
복도통로유도등	**피난㉠**유도등
계단통로유도등	㉡**실**통로유도등

40

전압계가 있는 수신기의 도통시험 결과와 각 층의 동작시험에 따른 음향장치의 음량 크기를 측정한 결과가 다음과 같다. 이에 대한 설명으로 옳은 것은?

〈점검결과〉

경계구역 (층)	수신기 도통시험(V)	수신기 동작시험 시 음량크기
지하1층	6V	90dB
1층	0V	100dB
2층	8V	80dB

① 지하1층의 도통시험 결과는 불량이다.
② 1층 음향장치의 음량 크기는 정상이다.
③ 2층 음향장치의 음량 크기는 정상이다.
④ 1층의 도통시험 결과는 정상이다.

정답 ②

해설

① 지하1층의 도통시험 결과는 6V로 정상이다.
③ 2층 음향장치의 음량 크기는 80dB로 불량이다.
④ 1층 도통시험 결과는 0V로 불량이다.

41

다음은 준비작동식 스프링클러설비 감시제어반이다. A감지기만 작동시켰을 때 일어나는 현상으로 옳은 것은?

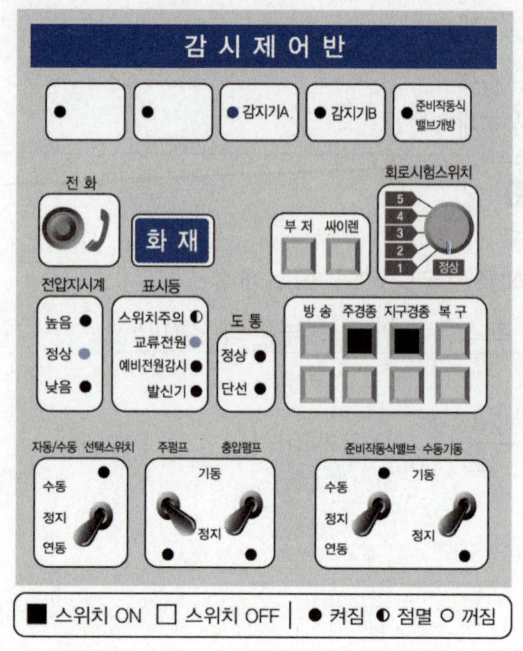

① 주펌프와 충압펌프가 기동되었다.
② 주경종이 울리고 있다.
③ 준비작동식밸브가 개방되었다.
④ 화재표시등이 점등되었다.

정답 ④

해설

① 감지기A만 작동시키면 주펌프와 충압펌프 모두 기동되지 않는다. 따라서 주펌프와 충압펌프는 모두 정지된 상태이다.
② 주경종과 지구경종 버튼이 눌려져 있는 상태이므로 주경종은 울리지 않는다.
③ 감지기A와 감지기B 모두 작동되어야 준비작동식밸브가 개방된다.

42

아래 제시된 〈사진〉을 보고 옳지 않은 것을 고르시오.

	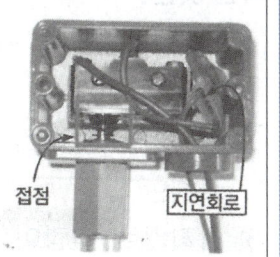
㉠ 기동용수압개폐장치의 압력스위치	㉡ 습식 스프링클러설비의 압력스위치

① ㉠을 통해 옥내소화전설비의 펌프 기동점과 정지점을 조정한다.
② 알람밸브 2차측 압력이 저하되어 클래퍼가 개방되면 설정된 지연 시간 후에 ㉡이 작동된다.
③ ㉠의 Range를 통해 펌프의 기동점을 정한다.
④ ㉡이 작동되면 화재표시등 점등, 소화펌프가 자동으로 기동한다.

정답 ③

해설
㉠의 Range값은 펌프의 정지점이고 Range값 — Diff값이 펌프의 기동점이 된다.

43

다음 중 피난기구의 설치장소별 적응성에 대한 내용으로 옳은 것은?

① 다중이용업소의 7층에 간이완강기를 설치하였다.
② 의료시설 5층에 미끄럼대를 설치하였다.
③ 노유자시설 3층에 완강기를 설치하였다.
④ 업무시설 3층에 피난용트랩을 설치하였다.

정답 ④

해설
① 다중이용업소의 모든 층에 간이완강기를 설치할 수 없다.
② 의료시설 5층에는 구조대, 피난교, 피난용트랩, 다수인피난장비, 승강식피난기를 설치할 수 있다. 따라서 의료시설 5층에는 미끄럼대를 설치할 수 없다.
③ 노유자시설 모든 층에는 완강기를 설치할 수 없다.

44

〈감시제어반〉에 표시된 상황이 아래와 같을 때 〈동력제어반〉에서 켜져야 하는 표시등으로 알맞게 짝지은 것은?

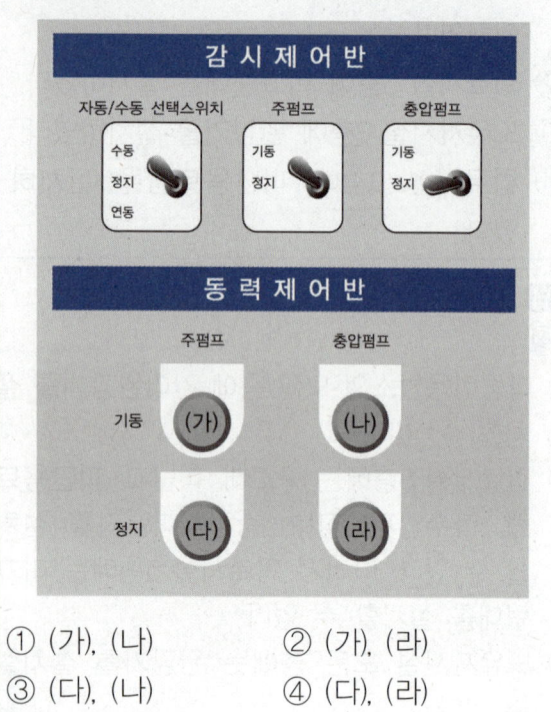

① (가), (나) ② (가), (라)
③ (다), (나) ④ (다), (라)

정답 ②

해설

〈감시제어반〉의 자동/수동 선택스위치는 수동으로 되어 있고, 주펌프가 수동으로 기동된 상황이고, 충압펌프는 정지되어 있는 상태이므로 〈동력제어반〉의 주펌프는 기동, 충압펌프는 정지 표시등이 켜져야 한다.

45

차동식열감지기가 천장형온풍기에 밀접하게 설치되어 오동작이 발생하였다. 올바른 조치가 아닌 것은?

① 감지기 위치를 기류방향 외에 이격설치한다.
② 감지기의 면적을 고려하여 연기감지기로 교체한다.
③ 감지기로 바람이 들어오지 않게 바람의 방향을 막아준다.
④ 정온식 감지기로 교체한다.

정답 ④

해설

정온식 감지기로 교체하는 것은 천장형온풍기의 열기로 인해 오동작이 발생할 수 있으므로 올바른 조치가 아니다.

46

다음 중 3선식 유도등이 자동으로 점등되는 경우가 아닌 것은?

① 상용전원 정전 시
② 건물 내 일반 안내방송 시
③ 자동화재탐지설비의 감지기 작동 시
④ 비상경보설비의 발신기 작동 시

정답 ②

해설

▶ 유도등의 3선식 배선 시 자동 점등되는 경우
　㉠ 자동화재탐지설비 감지기 또는 발신기가 작동하는 때
　㉡ 비상경보설비의 발신기가 작동되는 때
　㉢ 상용전원이 정전되거나 전원선이 단선되는 때
　㉣ 방재업무를 통제하는 곳 또는 전기실의 배전반에서 수동으로 점등하는 때
　㉤ 자동소화설비가 작동되는 때

47

특정소방대상물의 소방계획서 작성 시 주요내용에 해당하지 않는 것은?

① 피난층 및 피난시설의 위치와 피난경로의 설정(화재안전취약자의 피난계획 포함)
② 특정소방대상물의 근무자 및 거주자의 자위소방대 조직과 대원의 임무(장애인 및 노약자의 피난보조 임무를 포함)에 관한 사항
③ 자체점검 결과의 조치 등에 관한 사항
④ 소화와 연소 방지에 관한 사항

정답 ③

해설

자체점검 결과 중대위반사항이 발견된 경우 이에 대한 조치 등에 관한 사항은 관계인의 임무이다.

48

소방교육 및 훈련의 실시 원칙으로 옳게 짝지은 것은?

① 현실성의 원칙, 교육자 중심의 원칙, 관련성의 원칙
② 실습의 원칙, 비현실성의 원칙, 경험의 원칙
③ 교육자 중심의 원칙, 동기부여의 원칙, 목적의 원칙
④ 목적의 원칙, 동기부여의 원칙, 실습의 원칙

[정답] ④

[해설]

▶ **소방교육 및 훈련의 실시원칙**
  ㉠ 학습자 중심의 원칙
  ㉡ 동기부여의 원칙
  ㉢ 목적의 원칙
  ㉣ 현실성의 원칙
  ㉤ 실습의 원칙
  ㉥ 경험의 원칙
  ㉦ 관련성의 원칙

49

응급처치의 중요성이 아닌 것은?

① 긴급한 환자의 생명을 유지
② 지병의 예방과 치유
③ 환자의 절박한 고통을 경감
④ 입원치료의 기간 단축

[정답] ②

[해설]

▶ **응급처치의 중요성**
  ㉠ 긴급한 환자의 생명을 유지
  ㉡ 환자의 고통을 경감
  ㉢ 위급한 부상부위의 응급처치로 치료기간을 단축
  ㉣ 현장처치의 원활화로 의료비 절감

50

장애유형별 피난보조 예시로 옳지 않은 것은?

① 청각장애인 – 조명(손전등 및 전등)을 적극 활용하며 메모를 이용한 대화도 효과적이다.
② 시각장애인 – 피난유도 시 여기, 저기 등 손가락으로 가리키면서 대피한다.
③ 지적장애인 – 차분하고 느린 어조로 도움을 주러 왔음을 밝히고 피난을 보조한다.
④ 노약자 – 장애인에 준하여 피난보조를 실시한다.

정답 ②

해설
피난유도 시 여기, 저기 등 애매한 표현보다는 좌측 1m, 우측 2m같이 명확하게 표현한다.

FINAL 정답 및 해설 2회

▶는 유튜브 "에듀마켓" 무료강의 제공

2회차 정답

1	2	3	4	5
④	②	②	②	③
6	7	8	9	10
①	①	②	②	②
11	12	13	14	15
①	②	④	③	②
16	17	18	19	20
③	④	①	③	③
21	22	23	24	25
①	③	③	②	②
26	27	28	29	30
①	④	②	②	②
31	32	33	34	35
②	②	②	②	②
36	37	38	39	40
②	①	③	②	②
41	42	43	44	45
③	①	②	④	④
46	47	48	49	50
③	③	④	①	③

제1과목

01

한국소방안전원에 대한 설명으로 틀린 것은?
① 교육·훈련 등 행정기관이 위탁하는 업무를 수행한다.
② 소방 관계 종사자의 기술 향상을 위해 설립했다.
③ 위험물안전관리자로 선임된 사람으로서 회원이 되려는 사람은 회원자격이 있다.
④ 임원은 행정안전부장관이 임명한다.

[정답] ④
[해설]
한국소방안전원에 임원으로 원장 1명을 포함한 9명 이내의 이사와 1명의 감사를 두고, 원장과 감사는 소방청장이 임명한다(법 제44조의2). 「소방기본법」에 이사에 대한 임명규정은 없다.

02

다음 중 소방기본법상 200만원 이하의 과태료에 처할 사유가 아닌 것은?

① 소방활동구역을 출입한 경우
② 시장지역에서 화재로 오인할 만한 우려가 있는 불을 피우고자 하는 자가 신고를 하지 아니하여 소방자동차를 출동하게 한 경우
③ 소방자동차의 출동에 지장을 준 경우
④ 한국소방안전원 또는 이와 유사한 명칭을 사용한 경우

정답 ②

해설
시장지역에서 화재로 오인할 만한 우려가 있는 불을 피우거나 연막소독을 실시하려고 하는 자가 신고를 하지 아니하여 소방자동차를 출동하게 한 경우에는 20만원 이하의 과태료에 처한다.

▶ 200만원 이하의 과태료에 처할 사유

- ㉠ 소방자동차의 **출동에 지장**을 준 자
- ㉡ 소방활동구역을 **출입**한 사람
- ㉢ 한국소방안전원 또는 이와 유사한 **명칭**을 사용한 자

03

특정소방대상물의 소방안전관리에 대한 내용으로 옳지 않은 것은?

① 소방안전관리대상물의 관계인은 소방안전관리업무를 수행하기 위하여 소방안전관리자 자격증을 발급받은 사람을 소방안전관리자로 선임해야 한다.
② 다른 법령에 따라 전기 등의 안전관리자는 1급 및 2급 소방안전관리대상물의 소방안전관리자를 겸할 수 없다.
③ 소방안전관리대상물의 관계인은 소방안전관리업무를 대행하는 관리업자로 하여금 업무를 대행하게 할 수 있다.
④ 관계인이 대행하게 한 경우 감독할 수 있는 사람을 지정하여 소방안전관리자로 선임할 수 있고, 선임된 자는 선임된 날부터 3개월 이내에 강습교육을 받아야 한다.

정답 ②

해설
다른 법령에 따라 전기·가스·위험물 등의 안전관리자는 **특급 및 1급** 소방안전관리대상물의 소방안전관리자를 겸할 수 없다.

04

다음 중 소방안전관리보조자를 두어야 하는 대상물에 해당하지 않는 것은?
① 500세대 이상인 아파트
② 직원들이 24시간 상시근무하는 바닥면적의 합계가 1,000m² 미만인 모텔
③ 연면적 15,000m² 이상인 특정소방대상물
④ 의료시설

정답 ②

해설

▶ 소방안전관리보조자 대상물
소방안전관리자를 두어야 하는 특정소방대상물 중 다음에 해당하는 것
㉠ 「건축법 시행령」 별표 1 제2호 가목에 따른 **아파트**(300세대 이상만 해당)
㉡ ㉠을 제외한 연면적이 **1만5천제곱미터** 이상인 특정소방대상물
㉢ ㉠, ㉡을 제외한 공동주택 중 기숙사, 의료시설, 노유자시설, 수련시설 및 숙박시설(숙박시설로 사용되는 바닥면적의 합계가 1천500제곱미터 미만이고 관계인이 24시간 상시 근무하고 있는 숙박시설을 제외)

05

건설현장 소방안전관리에 대한 내용으로 옳지 않은 것은?
① 지하층의 층수가 2개층 이상인 것으로 용도변경하려는 부분의 연면적이 5,000m² 이상인 것은 건설현장 소방안전관리대상물에 해당한다.
② 건설현장 소방안전관리자는 임시소방시설의 설치 및 관리에 대한 감독을 해야 한다.
③ 공사시공자는 소방시설공사 착공 신고일부터 30일 이내에 건설현장 소방안전관리자를 선임하여야 한다.
④ 공사시공자는 건설현장 소방안전관리자를 선임한 경우 선임한 날부터 14일 이내에 소방본부장 또는 소방서장에게 신고해야 한다.

정답 ③

해설
공사시공자는 소방시설공사 **착공 신고일부터 건축물 사용승인일까지** 건설현장 소방안전관리자를 선임하여야 한다.

06

아래 표는 ○○건물의 일반현황이다. 이 건물의 소방안전관리자로 선임될 수 있는 자는?

규모/구조	연면적 16,000m²/ 철근콘크리트조
용도	근린생활시설
소방시설	자동화재탐지설비, 물분무등소화설비, 스프링클러설비, 소화용수설비, 소화기
건축물현황	지하 4층, 지상 5층

① 소방설비기사
② 소방공무원으로 3년간 근무한 자
③ 특급소방안전관리자 강습교육을 수료한 자
④ 대학에서 소방안전 관련 교과목을 12학점 이상 이수한 자

정답 ①

해설

○○건물 연면적이 16,000m²이므로 1급 소방안전관리대상물이다.
② 소방공무원으로 7년 이상 근무한 경력이 있는 사람이어야 한다.
③ 강습교육 후 특급이나 1급 소방안전관리자 시험에 합격해야 한다.
④ 대학에서 소방안전 관련 교과목을 12학점 이상 이수하고 졸업한 후 1급 소방안전관리자 시험에 합격해야 한다.

07

소방안전관리자 현황표의 기재사항으로 틀린 것은?

① 소방안전관리대상물의 관계인
② 소방안전관리대상물의 등급
③ 소방안전관리자의 선임일자
④ 소방안전관리대상물의 명칭

정답 ①

해설

소방안전관리자의 성명이 기재사항이다. 소방안전관리대상물의 관계인은 기재사항이 아니다.

08

하나의 대지 경계선 안에 2023년 2월 14일에 사용승인을 받은 트리움건물과 2023년 3월 18일 사용승인을 받은 대흥빌딩이 있다. 이 경우 언제까지 종합점검을 받아야 하는가?

① 2024년 3월 31일
② 2024년 2월 28일
③ 2023년 6월 30일
④ 2024년 9월 30일

정답 ②

해설

하나의 대지경계선 안에 2개 이상의 점검대상 건축물이 있는 경우 사용승인일이 가장 빠른 건축물의 사용승인일이 기준으로 되므로 2023년 2월 14일의 다음 연도 말일인 2024년 2월 28일까지 종합점검을 받아야 한다.

09

300만원 이하의 과태료에 처할 사유가 아닌 것은?

① 관계인에게 점검 결과를 제출하지 아니한 관리업자등
② 자체점검결과 관계인에게 중대위반사항을 알리지 아니한 관리업자등
③ 피난시설, 방화구획 또는 방화시설을 폐쇄·훼손·변경 등의 행위를 한 자
④ 소방시설을 화재안전기준에 따라 설치·관리하지 아니한 자

정답 ②

해설

② 300만원 이하의 벌금에 처할 사유이다.
▶ 300만원 이하의 과태료에 처할 사유
  ㉠ 소방시설을 화재안전기준에 따라 설치·관리하지 아니한 자
  ㉡ 공사현장에 임시소방시설을 설치·관리하지 아니한 자
  ㉢ 피난시설, 방화구획 또는 방화시설을 폐쇄·훼손·변경 등의 행위를 한 자
  ㉣ 관계인에게 점검 결과를 제출하지 아니한 관리업자등
  ㉤ 점검결과를 보고하지 아니하거나 거짓으로 보고한 자
  ㉥ 자체점검 이행계획을 기간 내에 완료하지 아니한 자 또는 이행계획 완료 결과를 보고하지 않거나 거짓으로 보고한 자
  ㉦ 점검기록표를 기록하지 아니하거나 특정소방대상물의 출입자가 쉽게 볼 수 있는 장소에 게시하지 아니한 관계인

10

아래 표에 해당하는 내용의 내력벽의 수선 또는 변경, 기둥·보·지붕틀의 증축·개축 또는 재축이 있었다. 대수선에 해당하는 것만 고르면?

	내력벽	기둥	보	지붕틀
㉠	20m²	1개	-	-
㉡	-	2개	3개	-
㉢	30m²	-	-	-
㉣	25m²	1개	2개	1개

① ㉠, ㉡ ② ㉡, ㉢
③ ㉠, ㉢ ④ ㉡, ㉣

정답 ②

해설

㉡㉢이 대수선에 해당된다.

㉡ 보 3개를 증축·개축 또는 재축하는 경우 대수선에 해당한다.

㉢ 내력벽 면적을 30m² 이상 수선 또는 변경하는 경우 대수선에 해당한다.

11

연소의 3요소에 해당하는 것을 알맞게 짝지은 것은?

	가연물	산소공급원	점화에너지
①	목탄	제1류 위험물	화염
②	아르곤	제3류 위험물	나화
③	헬륨	제4류 위험물	전기불꽃
④	이산화탄소	제5류 위험물	열면

정답 ①

해설

②, ③, ④에서 아르곤, 헬륨, 이산화탄소는 모두 가연물에 해당하지 않는다. 위험물 중 제1류와 제6류는 각각 산화성 고체, 산화성 액체로 산소공급원이 될 수 있다. 화염, 나화, 전기불꽃, 열면은 모두 점화에너지로 작용한다.

12

다음 중 발화점에 대한 내용으로 옳지 않은 것은?
① 발화점은 보통 인화점보다 수 백도가 높다.
② 산소와의 친화력이 작은 물질일수록 발화점이 낮다.
③ 고체 가연물의 발화점은 가열공기의 유량, 가열속도 등에 따라 달라진다.
④ 화재진화 후 잔화정리를 할 때 계속 물을 뿌려 냉각시키는 것은 발화점 이상으로 가열된 건축물이 다시 연소되는 것을 막기 위한 것이다.

정답 ②
해설
산소와의 친화력이 큰 물질일수록 발화점이 낮다.

13

다음 중 다른 소화방법과 다른 것은?
① 알코올 화재에서 물을 가하여 알코올 농도를 40% 이하로 떨어뜨려 소화하는 방법
② 탄진폭발 방지에 쓰이는 암분 살포
③ 유정화재를 폭약폭발에 의한 폭풍으로 끄는 것
④ 하론류에 의한 소화

정답 ④
해설
하론류에 의한 소화는 화학적 작용에 의한 소화이고, 나머지는 모두 물리적 작용에 의한 소화이다.

14

용접(용단) 작업 시 비산불티의 특성으로 옳은 것만 고른 것은?

⊙ 비산불티는 풍향, 풍속 등에 의해 비산 거리 상이
ⓒ 비산불티는 약 1,600℃ 이상의 고온체
ⓒ 발화원이 될 수 있는 비산불티의 크기의 직경은 약 0.3~3mm
② 비산불티는 작업과 동시에서부터 수분 사이까지 비교적 짧게 존재

① ⊙, ⓒ
② ⊙, ⓒ
③ ⊙, ⓒ, ⓒ
④ ⊙, ⓒ, ⓒ, ②

정답 ③

해설

② 비산불티는 짧게는 작업과 동시에서부터 수분 사이, 길게는 수 시간 이후에도 화재 가능성이 있음

15

다음 중 위험물 유별 특성으로 알맞게 짝지은 것은?

- 제1류 위험물 : ___⊙___ 고체
- 제3류 위험물 : ___ⓒ___ 물질
- 제5류 위험물 : ___ⓒ___ 물질

	⊙	ⓒ	ⓒ
①	인화성	가연성	산화성
②	산화성	자연발화성 및 금수성	자기반응성
③	자기반응성	인화성	가연성
④	가연성	인화성	산화성

정답 ②

해설

- 제1류 위험물 : 산화성 고체
- 제3류 위험물 : 자연발화성 및 금수성 물질
- 제5류 위험물 : 자기반응성 물질

16

다음 중 전기화재 예방요령으로 옳지 않은 것만 고르면?

> ㉠ 과전류 차단장치를 설치한다.
> ㉡ 규격 퓨즈를 사용하고 끊어질 경우 그 원인을 조치한다.
> ㉢ 전선이 보이지 않도록 비닐장판 밑으로 정리한다.
> ㉣ 사용하지 않는 기구는 전원을 끄고 플러그는 꽂아 둔다.

① ㉡, ㉢
② ㉠, ㉡
③ ㉢, ㉣
④ ㉠, ㉡, ㉢

정답 ③

해설

㉢ 비닐장판이나 양탄자 밑으로는 전선이 지나지 않도록 한다.
㉣ 사용하지 않는 기구는 전원을 끄고 플러그를 뽑아 둔다.

17

가스안전관리에 대한 설명으로 옳지 않은 것은?

> ① LPG에는 프로판, 부탄이 있다.
> ② LNG의 비중은 0.6이다.
> ③ LPG는 낮은 쪽에 체류한다.
> ④ LNG는 가정용, 공업용, 자동차 연료용으로 사용된다.

정답 ④

해설

LNG는 도시가스용으로 사용된다. 가정용, 공업용, 자동차 연료용으로 사용되는 것은 LPG이다.

18

다음 조건에서의 방화구획 설치기준으로 옳지 않은 것은?

- 주요구조부 : 내화구조
- 스프링클러설비 등 자동식 소화설비가 설치되지 않은 경우
- 내장재가 불연재가 아닌 경우

① 11층 이상의 층은 바닥면적 300m² 이내마다 방화구획하여야 한다.
② 10층 이하의 층은 바닥면적 1,000m² 이내마다 방화구획하여야 한다.
③ 연면적이 1,000m² 이상일 경우 방화구획하여야 한다.
④ 매층마다 방화구획하여야 한다.

정답 ①

해설
11층 이상의 층은 바닥면적 **200m²** 이내마다 방화구획하여야 한다.

19

지상층의 바닥면적은 10,000m², 지하층 2곳의 바닥면적은 각 5,000m²일 때 지하층은 몇 개의 방화구획으로 나눠야 하는가? (주어진 조건 외에 다른 것은 무시한다)

① 8개 ② 9개
③ 10개 ④ 11개

정답 ③

해설
10층 이하의 층은 바닥면적 1,000m² 이내마다 구획하여야 한다. 따라서 지하층도 바닥면적 1,000m² 이내마다 구획하여야 하므로 지하층 한 곳당 $\frac{5,000}{1,000}$ = 5개이므로, 지하층 2곳의 경계구역의 개수는 10개이다.

20

피난시설, 방화구획 및 방화시설의 관리에 대한 설명으로 옳지 않은 것은?

① 피난계단의 종류로는 옥내피난계단, 옥외피난계단, 특별피난계단 등이 있다.
② 피난시설, 방화구획 및 방화시설을 폐쇄하는 행위를 한 자에 대해서는 1차 위반 100만원, 2차 위반 200만원, 3차 위반 300만원의 과태료를 부과한다.
③ 방화시설이란 방화구획, 소화설비, 방화벽 및 내화성능을 갖춘 내부마감재 등을 말한다.
④ 피난시설이란 계단, 복도, 출입구(비상구 포함), 그 밖의 피난시설(옥상광장, 피난안전구역, 피난용 승강기 및 승강장)을 말한다.

정답 ③

해설
소화설비는 방화시설에 해당하지 않는다.

21

건축물 내부에 설치된 차고·주차용도로 사용되는 부분의 면적이 몇 m^2 이상인 경우 물분무등소화설비를 설치해야 하는가? (50세대 이상 연립주택 및 다세대주택임)

① 200m^2 이상
② 500m^2 이상
③ 800m^2 이상
④ 1,000m^2 이상

정답 ①

해설
건축물 내부에 설치된 차고·주차용도로 사용되는 부분의 면적(50세대 미만 연립주택 및 다세대주택 제외)이 **200m^2** 이상인 경우 물분무등소화설비를 설치해야 한다.

22

소방시설의 종류 중 경보설비만 짝지어진 것은?
① 제연설비, 통합감시시설
② 비상경보설비, 옥내소화전설비
③ 화재알림설비, 통합감시시설
④ 자동화재탐지설비, 연결송수관설비

정답 ③

해설

▶ 경보설비의 종류
  ㉠ 단독경보형감지기
  ㉡ 비상경보설비(비상벨설비 및 자동식사이렌설비)
  ㉢ 시각경보기
  ㉣ 자동화재탐지설비
  ㉤ 화재알림설비
  ㉥ 비상방송설비
  ㉦ 자동화재속보설비
  ㉧ 통합감시시설
  ㉨ 누전경보기
  ㉩ 가스누설경보기

23

자동방화셔터에 대한 내용으로 옳지 않은 것은?
① 피난이 가능한 60분+ 방화문 또는 60분 방화문으로부터 3m 이내에 별도로 설치해야 한다.
② 불꽃감지기 또는 연기감지기 중 하나와 열감지기를 설치해야 한다.
③ 수직방향으로 폐쇄되는 구조가 아닌 경우는 불꽃, 연기 및 열감지에 의해 일부폐쇄될 수 있는 구조여야 한다.
④ 자동방화셔터의 상부는 상층 바닥에 직접 닿지 않은 경우 방화구획 처리를 하여 연기와 화염의 이동통로가 되지 않도록 하여야 한다.

정답 ③

해설

수직방향으로 폐쇄되는 구조가 아닌 경우는 불꽃, 연기 및 열감지에 의해 완전폐쇄될 수 있는 구조여야 한다.

24

휴대용비상조명등의 설치기준으로 옳지 않은 것은?

① 어둠 속에서 위치를 확인할 수 있고, 사용 시 자동으로 점등되는 구조여야 한다.
② 30분 이상 유효하게 사용할 수 있는 건전지 및 배터리를 사용해야 한다.
③ 숙박시설 또는 다중이용업소에는 객실 또는 영업장안의 구획된 실마다 잘 보이는 곳에 설치해야 한다.
④ 건전지를 사용하는 경우 방전방지조치를 하여야 하고, 충전식 배터리의 경우 상시 충전되는 구조여야 한다.

정답 ②

해설
20분 이상 유효하게 사용할 수 있는 건전지 및 배터리를 사용해야 한다.

25

복도통로유도등의 설치에 대한 내용으로 옳지 않은 것은?

① 피난구유도등이 설치된 출입구 맞은편 복도에 입체형 설치 또는 바닥에 설치할 것
② 구부러진 모퉁이 및 ①에 설치된 통로유도등을 기점으로 보행거리 25m마다 설치할 것
③ 바닥으로부터 1m 이하의 위치에 설치할 것
④ 지하층 또는 무창층의 용도가 지하역사 또는 지하상가인 경우에는 복도·통로 중앙부분의 바닥에 설치할 수 있다.

정답 ②

해설
② 구부러진 모퉁이 및 ①에 설치된 통로유도등을 기점으로 보행거리 **20m**마다 설치할 것이다.

제2과목

26

다음 층에 설치하여야 하는 ABC 분말소화기의 최소개수는? (아래 기준 외에는 무시한다)

- ⓐ 바닥면적은 3,000m²이다.
- ⓑ 용도는 근린생활시설이다.
- ⓒ 건축물은 내화구조이고 내장재는 불연재이다.
- ⓓ 소화기의 능력단위는 3단위로 설치한다.

① 5개 ② 6개
③ 7개 ④ 8개

정답 ①

해설

근린생활시설의 경우 해당 용도의 바닥면적 100m²마다 능력단위 1단위 이상이어야 하는데 건축물이 내화구조이고 내장재가 불연재인 경우 기준면적의 2배를 해당 특정소방대상물의 기준면적으로 보기 때문에 200m²마다 능력단위 1단위 이상이면 된다. 따라서 3,000m²÷200m² = 15단위. 소화기의 능력단위가 3단위이므로 15÷3 = 5(개) 따라서 3단위 소화기 5개를 설치하면 된다.

27

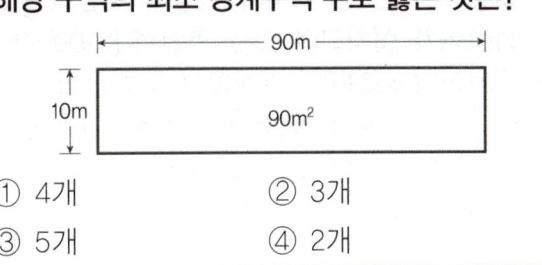

자동화재탐지설비 경계구역을 산정하려 한다. 해당 구역의 최소 경계구역 수로 옳은 것은?

① 4개 ② 3개
③ 5개 ④ 2개

정답 ④

해설

하나의 경계구역의 면적은 600m² 이하로 하고 한 변의 길이는 50m 이하로 해야 한다. 다만, 해당 특정소방대상물의 주된 출입구에서 그 내부 전체가 보이는 것에 있어서는 한 변의 길이가 50m 범위 내에서 1,000m² 이하로 할 수 있다. 위 〈그림〉의 해당 구역은 한 변의 길이가 50m를 넘어 예외적으로 1,000m² 이하로 할 수 있는 사유가 아니므로 900m²÷600m² = 1.5 따라서 최소 2개의 경계구역으로 해야 한다.

28

아래 내용은 특급 소방안전관리자 자격증으로 선임된 소방안전관리자가 작성한 이산화탄소 소화설비가 설치되어 있는 연면적 5,200m²인 판매시설의 2023년 소방계획서 중 종합점검 계획이다. 다음 중 옳게 작성한 것은? (건축물의 사용승인일은 2021년 3월 10일이다)

①	점검 대상	☐ 스프링클러설비 ☐ 물분무등소화설비 + 5천m² 이상 ☑ 다중이용업의 영업장 + 2천m² 이상		
②	점검 자격	☑ 소방시설관리업자 ☐ 소방안전관리자		
③	점검 시기	2023년 9월 2일		
④	결과 보고	2023년 9월 30일	제출처	소방서장

정답 ②

해설

① 이산화탄소소화설비가 설치된 판매시설이므로 다중이용업의 영업장 + 2천m² 이상에 체크하면 안 되고, 물분무등소화설비 + 5천m² 이상으로 체크해야 옳은 내용이 된다.

② 3급 소방안전관리대상물이 아니므로 소방시설관리업자가 점검해야 하므로 옳은 내용이다.

③④ 종합점검은 건축물의 사용승인일이 속하는 달에 실시해야 하므로 2023년 3월 중에 실시하고, 관계인은 점검이 끝난 날부터 15일 이내에 소방시설등 자체점검 실시결과 보고서를 소방본부장 또는 소방서장에게 서면이나 소방청장이 지정하는 전산망을 통하여 보고해야 하므로 둘 다 옳지 않은 내용이다.

29

습식 스프링클러설비 작동점검 시 확인사항으로 옳지 않은 것은?

① 소화펌프 자동기동 여부 확인
② 유수검지장치의 솔레노이드밸브 동작 확인
③ 해당 방호구역의 경보상태 확인
④ 감시제어반의 화재표시등 점등 확인

정답 ②

해설

유수검지장치의 솔레노이드밸브 동작 확인은 준비작동식 스프링클러설비의 작동점검 시 확인사항이다.

30

○○건물의 건축물현황이다. 이 건물에 설치하지 않아도 되는 것은?

- 층수 : 8층(지하층 없음)
- 연면적 : 4,000m²
  (각 층의 바닥면적 500m²)
- 주용도 : 판매시설
- 건축물의 사용승인일 : 2021년 4월 13일

① 스프링클러설비
② 옥외소화전설비
③ 옥내소화전설비
④ 비상방송설비

정답 ②

해설

① 스프링클러설비는 층수가 6층 이상인 특정소방대상물에는 모든 층에 설치해야 하므로 ○○건물에는 스프링클러설비를 반드시 설치해야 한다.
② 옥외소화전설비는 지상 1층 및 2층의 바닥면적의 합계가 **9,000m² 이상**인 경우 설치해야 한다. ○○건물의 1층 및 2층의 바닥면적의 합계는 1,000m²이므로 옥외소화전설비를 설치하지 않아도 된다.
③ 옥내소화전설비는 판매시설의 경우 1,500m² 이상 모든 층에 설치해야 하므로 ○○건물에는 옥내소화전설비를 반드시 설치해야 한다.
④ 비상방송설비는 건축물의 연면적이 3,500m² 이상 모든 층에 설치해야 하므로 ○○건물에는 비상방송설비를 반드시 설치해야 한다.

31

준비작동식 스프링클러설비의 준비작동식 유수검지장치를 작동시키는 방법으로 옳지 않은 것은?

① 해당 방호구역의 감지기 2개 회로 작동
② 시험밸브 개방
③ 수동조작함의 수동조작스위치 작동
④ 밸브 자체에 부착된 수동기동밸브 개방

정답 ②

해설

시험밸브 개방은 습식 스프링클러설비의 점검 시 작동방법이다.

32

소방안전관리자의 업무수행 기록의 작성·유지에 대한 내용 중 ( ) 안에 들어갈 내용으로 알맞게 짝지은 것은?

> ⓐ 소방안전관리대상물의 소방안전관리자는 소방안전관리업무를 수행한 날을 포함하여 ( ) 작성한다.
> ⓑ 소방안전관리자는 업무 수행에 관한 기록을 작성한 날부터 ( ) 보관해야 한다.

① 월 1회 이상, 1년간
② 월 1회 이상, 2년간
③ 반년에 1회 이상, 1년간
④ 반년에 1회 이상, 2년간

정답 ②

해설

ⓐ 소방안전관리대상물의 소방안전관리자는 소방안전관리업무를 수행한 날을 포함하여 (월 1회 이상) 작성한다.
ⓑ 소방안전관리자는 업무 수행에 관한 기록을 작성한 날부터 (2년간) 보관해야 한다.

33

출혈 시 응급처치요령에 대한 내용으로 옳지 않은 것을 모두 고르면?

> ㉠ 출혈이 생기면 피부가 창백해지고 혈압이 점차 높아진다.
> ㉡ 직접압박법은 출혈 상처부위를 직접 압박하는 방법이다.
> ㉢ 출혈 시 환자를 편안하게 눕히고, 조이는 옷을 풀어 주어 호흡을 편하게 해준다.
> ㉣ 지혈대 사용법은 출혈이 심하지 않은 경우 사용한다.

① ㉠, ㉡
② ㉠, ㉣
③ ㉡, ㉢
④ ㉡, ㉣

정답 ②

해설

㉠ 출혈이 생기면 피부가 창백해지고 혈압이 점차 저하된다.
㉣ 지혈대 사용법은 절단과 같은 심한 출혈이 있을 때나 지혈법으로도 출혈을 막지 못할 경우 최후의 수단으로 사용한다.

34

다음 중 일반 심폐소생술 시행방법의 순서로 맞는 것은?

㉠ 가슴압박 30회 시행
㉡ 반응의 확인
㉢ 119신고 및 호흡확인
㉣ 인공호흡 2회 시행
㉤ 회복자세
㉥ 가슴압박과 인공호흡의 반복

① ㉢ – ㉡ – ㉠ – ㉥ – ㉣ – ㉤
② ㉡ – ㉢ – ㉠ – ㉣ – ㉥ – ㉤
③ ㉢ – ㉡ – ㉠ – ㉣ – ㉥ – ㉤
④ ㉡ – ㉢ – ㉠ – ㉥ – ㉣ – ㉤

정답 ②

해설

일반 심폐소생술 시행방법은 ㉡(반응의 확인) – ㉢(119신고 및 호흡확인) – ㉠(가슴압박 30회 시행) – ㉣(인공호흡 2회 시행) – ㉥(가슴압박과 인공호흡의 반복) – ㉤(회복자세) 순으로 진행한다.

35

다음은 ○○건물에서 작성한 피난계획의 일부이다. 이에 대한 설명으로 옳지 않은 것은?

○○건물 피난계획		
피난인원	근무자 15명, 거주자 37명	
화재경보	경보방식	☑ 일제경보방식 ☐ 우선경보방식
	경보수단	☑ 지구경보 ☐ 비상방송(자동연동) ☑ 시각경보기
피난경로	제1피난로	동측계단
	제2피난로	서측계단
재해약자	☑ 고령자 ☐ 영유아 ☑ 장애인(이동장애)	

① 소방계획서 작성 시 피난계획 관련 사항을 포함시켜야 한다.
② 화재가 발생한 경우 자동으로 비상방송이 되도록 연동되어 있다.
③ 고령자, 이동장애 장애인 등 재해약자를 위한 피난계획을 강구해야 한다.
④ 두 개의 피난계단을 이용하여 피난하는 것으로 계획을 수립해야 한다.

정답 ②

해설

피난계획으로 볼 때 비상방송이 자동연동되도록 되어 있지 않다.

36

다음 자동심장충격기(AED) 패드 부착위치로 바르게 짝지어진 것은?

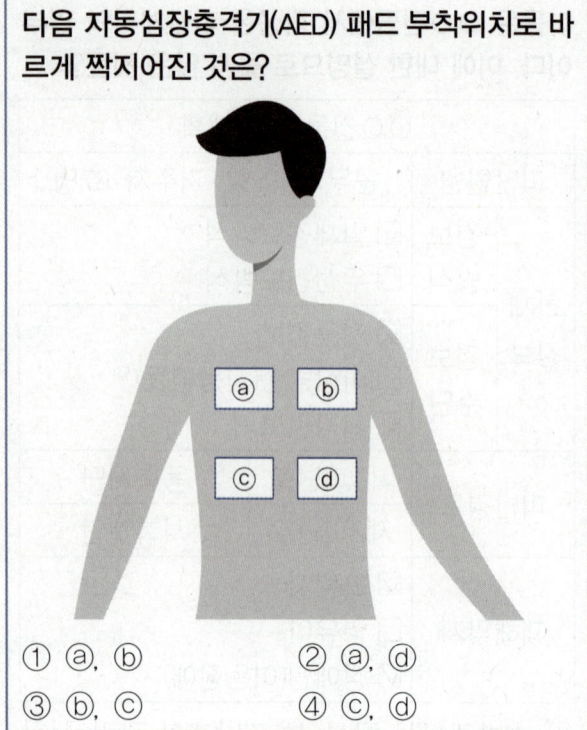

① ⓐ, ⓑ
② ⓐ, ⓓ
③ ⓑ, ⓒ
④ ⓒ, ⓓ

정답 ②

해설
하나의 패드는 오른쪽 빗장뼈(쇄골) 바로 아래쪽에, 다른 패드는 왼쪽 젖꼭지 아래의 중간겨드랑선에 부착 후 심장충격기 본체와 연결한다. 따라서 그림의 ⓐ, ⓓ 위치에 부착한다.

37

소방훈련·교육 실시 결과 기록부의 기재사항이 아닌 것은?
① 소방시설물의 설치현황
② 훈련참석 인원 수
③ 문제점 및 개선계획
④ 일시/장소

정답 ①

해설
소방시설물의 설치현황은 소방훈련·교육 실시 결과 기록부의 기재사항이 아니다.

38

다음은 자위소방대 및 초기대응체계 편성표의 내용이다. ㉠~㉣에 대한 내용으로 옳지 않은 것은?

자위소방대	☐ 편성인원 　㉠ 대장 ○○○ 　㉡ 부대장 ○○○ ☐ 본부대 　• 지휘통제팀(2명) 　• 비상연락팀(2명) 　• ㉢ 초기소화팀(2명)
㉣ 초기대응체계	☐ 조직구성 : A조(2명), 　　　　　　B조(2명)

① ㉠, ㉡이 대상물에 부재하는 경우에는 업무를 대리하기 위한 대리자를 지정하여 운영한다.
② ㉠은 소방안전관리대상물의 소유자를 지정할 수 있다.
③ ㉢은 화재상황의 모니터링, 지휘통제 임무를 수행한다.
④ ㉣은 소방안전관리보조자, 경비(보안) 근무자 또는 대상물 관리인 등 상시 근무자를 중심으로 구성한다.

정답 ③

해설
㉢은 초기소화설비를 이용한 조기 화재진압 임무를 수행한다.

39

다음은 ○○건물의 건축물 현황이다. 이 현황에 따를 때 자체점검항목에 해당하는 것을 모두 고르시오(아래 현황 외에는 무시함).

명칭	○○건물	
용도	업무시설	
규모/구조	지상2층, 지하1층	연면적 1,450m²
소방시설	소화기, 옥내소화전설비, 스프링클러설비, 자동화재탐지설비, 유도등, 피난구조설비	

㉠	1-A-008	○ 수동식 분말소화기의 내용연수(10년) 적정 여부
㉡	3-F-007	○ 유수검지장치 시험장치 설치 적정 여부
㉢	25-D-002	○ 화재감지기 동작 및 수동조작에 따라 작동하는지 여부
㉣	3-K-011	○ 펌프 작동 여부 확인 표시등 및 음향경보장치 정상작동 여부

① ㉠, ㉡
② ㉠, ㉡, ㉣
③ ㉡
④ ㉠, ㉡, ㉢, ㉣

정답 ②

해설
○○건물의 자체점검항목에 해당하는 것은 ㉠, ㉡, ㉣이다.

㉢ 화재감지기 동작 및 수동조작에 따라 작동하는지 여부는 제연설비에 대한 자체점검 항목이다.

40

다음 〈그림〉은 준비작동식 스프링클러설비 감시제어반이다. 이에 대한 설명으로 옳지 않은 것은?

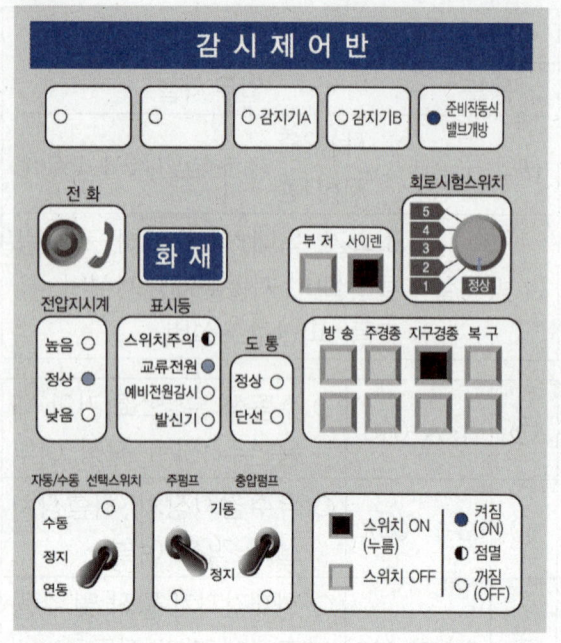

① 화재표시등이 점등된다.
② 사이렌이 작동한다.
③ 지구경종은 울리지 않고 있다.
④ 준비작동식 유수검지장치의 압력스위치가 작동하였다.

정답 ②

해설
사이렌 버튼이 눌려져 있는 상태로 사이렌은 작동하지 않는다.

41

다음 〈그림〉은 기동용수압개폐장치(압력챔버)의 압력스위치를 나타낸 것이다. 〈그림〉에서 펌프의 기동점과 정지점의 연결이 바른 것은?

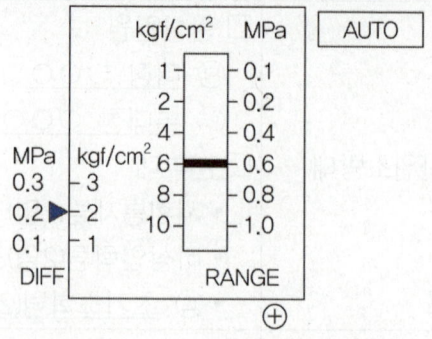

① 기동점 0.2MPa, 정지점 0.6MPa
② 기동점 0.2MPa, 정지점 0.8MPa
③ 기동점 0.4MPa, 정지점 0.6MPa
④ 기동점 0.4MPa, 정지점 0.8MPa

정답 ③

해설
Range값이 펌프의 정지압력을 나타내므로 정지점은 0.6MPa이고, 기동점은 Range값 - DIFF값이므로 기동점 = 0.6MPa - 0.2MPa = 0.4MPa이다.

42

준비작동식 스프링클러설비의 감시제어반의 상태가 아래와 같을 때 옳지 않은 내용은?

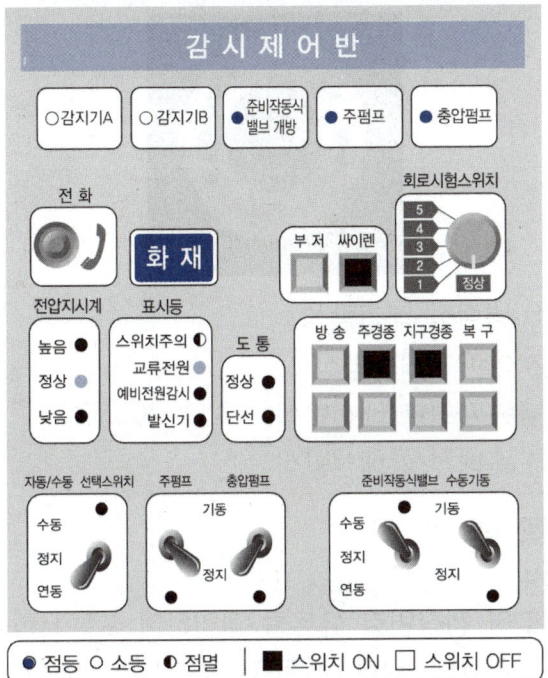

① 감지기 A, B가 작동되어 준비작동식밸브가 개방되었다.
② 화재표시등이 점등되었다.
③ 주경종, 지구경종 버튼을 원상태로 해야 주경종, 지구경종의 경보 상태를 확인할 수 있다.
④ 준비작동식밸브를 수동으로 기동한 것이므로 주펌프와 충압펌프가 기동되었다.

[정답] ①

[해설]
감지기 A, B가 작동한 것이 아니고 준비작동식밸브를 수동으로 기동한 상태이다.

43

○○건물의 관계인이 자동화재탐지설비의 도통시험과 예비전원시험을 하였다. 1층 도통시험결과 전압이 6V가 계측되었다. 2층 도통시험결과 0V가 계측되었다. 예비전원시험 계측결과 14V가 계측되었을 경우 자체점검결과를 기재한 내용으로 옳지 않은 것은?

	점검결과	불량내용
도통시험 회로 정상 여부	㉠ ×	㉡ 1층 단선
예비전원 성능 적정	㉢ ×	㉣ 예비전원 성능불량

① ㉠ ② ㉡
③ ㉢ ④ ㉣

[정답] ②

[해설]
㉡에서 1층 단선이 아니고 2층 단선으로 기재해야 한다. 1층은 도통시험결과 전압 6V가 계측되었으므로 정상이다.

44

비화재보 발생 시 조치 방법을 순서대로 나열한 것은?

㉮ 수신기 확인
㉯ 실재화재 여부 확인
㉰ 수신기 복구
㉱ 음향장치 복구
㉲ 음향장치 정지
㉳ 비화재보 원인 제거

① ㉮ → ㉰ → ㉯ → ㉲ → ㉱ → ㉳
② ㉮ → ㉰ → ㉯ → ㉲ → ㉳ → ㉱
③ ㉮ → ㉯ → ㉲ → ㉰ → ㉱ → ㉳
④ ㉮ → ㉯ → ㉲ → ㉳ → ㉰ → ㉱

정답 ④

해설

비화재보 시 ㉮ 수신기 확인 → ㉯ 실재화재 여부 확인 → ㉲ 음향장치 정지 → ㉳ 비화재보 원인 제거 → ㉰ 수신기 복구 → ㉱ 음향장치 복구 순으로 대처한다.

45

다음 〈사진〉과 같이 도통시험을 원활히 하기 위한 배선방식은?

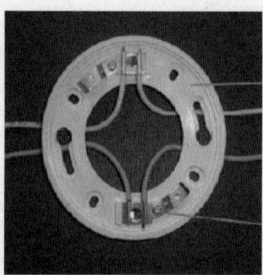

① 병렬식 배선방식
② 2선식 배선방식
③ 교차회로 배선방식
④ 송배선식 배선방식

정답 ④

해설

선로의 정상연결 유무를 확인하여 도통시험을 원활히 하기 위한 〈사진〉과 같은 배선방식을 송배선식이라 한다.

46

아래 〈그림〉에 대한 설명으로 옳지 않은 것은?

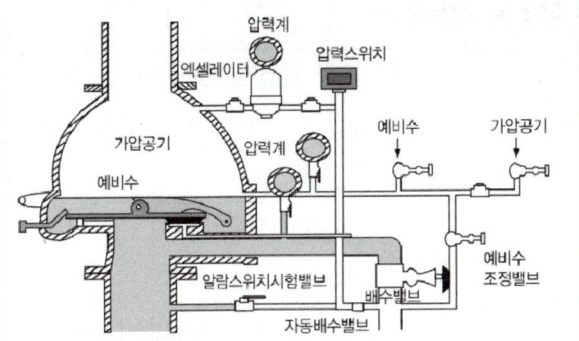

① 건식 유수검지장치의 단면도이다.
② 헤드는 폐쇄형헤드가 사용되고 별도로 공기압축기를 필요로 한다.
③ 헤드 개방 시 2차측 가압수의 압력이 낮아지면 급속개방기구가 작동하여 클래퍼를 신속히 개방시킨다.
④ 시트링의 홀을 통해 압력스위치를 작동시켜 제어반으로 사이렌, 화재표시등, 밸브개방표시등이 점등된다.

[정답] ③

[해설]
건식 유수검지장치의 경우 헤드 개방 시 **2차측 압축공기**의 압력이 낮아지면 급속개방기구가 작동하여 클래퍼를 신속히 개방시킨다. 2차측 가압수의 압력이 낮아져서 작동하는 방식은 습식 유수검지장치이다.

47

아래 〈그림〉과 예비전원시험을 한 경우 전압이 14V로 계측되었다. 이에 대한 내용으로 옳은 것은?

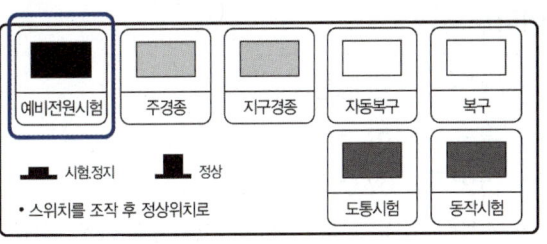

① 예비전원 전압이 낮을 경우 주경종이 울려야 한다.
② 램프방식인 경우 빨간색이 점등되어야 한다.
③ 예비전원시험 시 예비전원의 전압 및 상호 절환이 정상인지 확인해야 한다.
④ 전압계의 측정치가 14V라면 정상이다.

[정답] ③

[해설]
① 예비전원 전압이 낮다고 하여 주경종이 울리지는 않는다.
② 램프방식인 경우 노란색이 점등되어야 한다.
④ 전압계의 측정치가 19~29V 범위 내에 있어야 정상이다.

48

다음 대상물의 소방전용 최소 저수량으로 옳은 것은? (아래 제시된 사항 외에는 무시한다. 저수량 산정 시 각 설비별 저수량을 모두 합한 것이다)

- 용도 : 근린생활시설
- 층수 : 지하 3층, 지상 12층
- 연면적 : 67,000m²
- 소방시설물 설치현황 : 옥내소화전설비, 옥외소화전설비, 스프링클러설비
- 옥내소화전설비 : 각 층마다 6개 설치
- 옥외소화전설비 : 9개
- 스프링클러설비 : 지하층(준비작동식), 지상층(습식)

① 5.2m³ ② 14m³
③ 48m³ ④ 67.2m³

[정답] ④

[해설]

㉠ 옥내소화전설비의 최소 저수량 계산
옥내소화전의 설치개수가 가장 많은 층의 설치개수 N(2개 이상 설치된 경우 2개)×2.6m³이므로 옥내소화전이 각 층마다 6개 설치되어 있어도 저수량은 2×2.6m³ = 5.2m³

㉡ 옥외소화전설비의 최소 저수량 계산
소화전의 설치개수(2개 이상일 때는 2개)×7m³이므로 옥내소화전이 9개가 설치되어 있어도 저수량은 2×7m³ = 14m³

㉢ 스프링클러설비의 최소 저수량 계산
근린생활시설이고 지하층을 제외한 층수가 11층 이상인 특정소방대상물이므로 헤드의 기준개수는 30개이다.
설치된 스프링클러설비가 습식, 준비작동식이므로 모두 폐쇄형 헤드이고 따라서 저수량은 헤드 기준개수×1.6m³이므로 30×1.6m³ = 48m³

따라서 ㉠+㉡+㉢ = 67.2m³이다.

49

2급 소방안전관리대상물 소방계획서의 내용 중 잘못된 것은?

구분		포함되어야 할 사항
일반 사항	표지부	표지, 목차, 개정이력, 작성안내
	내용부	목적, 적용 근거·범위, 기록유지 등
관리 계획	① 예방	일반현황, 화재예방, 자위소방대·초기대응체계 구성 및 운영, 자체점검 등
	② 대비	협의회, 교육 및 훈련, 자체평가 및 개선 등
대응 계획	③ 대응	비상연락, 지휘통제, 초기대응, 피난, 비상대응계획 등
	④ 복구	피해복구 계획, 피해복구 및 지원 등

[정답] ①

[해설]

자위소방대·초기대응체계의 구성 및 운영은 '대비' 단계에 포함되는 내용이다.

50

다음 〈그림〉과 같은 장소에 정온식 스포트형 감지기 1종을 설치하는 경우 최소 감지기 소요개수는? (단, 주요구조부는 내화구조이고, 설치높이는 3m이다)

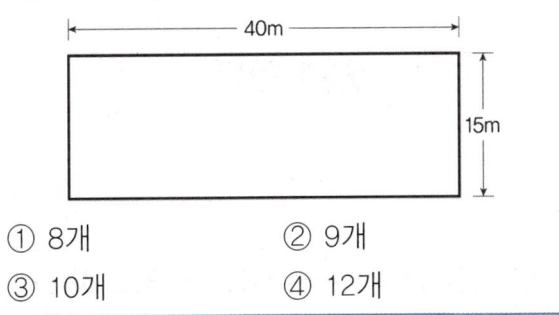

① 8개　　　② 9개
③ 10개　　　④ 12개

정답 ③

해설

㉠ 감지기의 설치면적 = 40m × 15m = 600m²
㉡ 주요구조부가 내화구조이고 설치높이가 4m 미만인 경우 정온식 스포트형 1종의 설치유효면적은 60m² 따라서 600m² ÷ 60m² = 10개
따라서 최소 감지기 소요개수는 10개이다.

FINAL 정답 및 해설 3회

 는 유튜브 "에듀마켓" 무료강의 제공

3회차 정답

1	2	3	4	5
③	②	②	④	②
6	7	8	9	10
④	④	④	②	③
11	12	13	14	15
③	③	④	①	②
16	17	18	19	20
③	④	④	①	③
21	22	23	24	25
①	②	②	③	①
26	27	28	29	30
④	③	④	③	④
31	32	33	34	35
②	③	②	④	③
36	37	38	39	40
③	④	④	②	③
41	42	43	44	45
②	②	②	①	④
46	47	48	49	50
②	④	③	②	④

제1과목

01

소방기본법령과 관련된 사항으로 옳은 것은?

① 소방대상물의 관계인은 소유자·점유자 및 시공자이다.
② 건축물, 차량, 항해중인 선박, 산림은 소방대상물이다.
③ 한국소방안전원은 소방기술과 안전관리에 관한 교육 및 조사·연구 업무를 수행한다.
④ 한국소방안전원은 소방점검·위험물탱크시설 등 성능검사기관이다.

정답 ③

해설
① 소방대상물의 관계인은 소유자·점유자 및 **관리인**이다.
② **항구에 매어둔 선박**이 소방대상물이고, 항해중인 선박은 소방대상물이 아니다.
④ 소방점검·위험물탱크시설 등 성능검사기관은 **한국소방산업기술원**이다.

02

소방기본법령에 따른 벌칙사항 중 100만원 이하의 벌금사항에 해당하지 않는 것은?

① 피난명령을 위반한 자
② 정당한 사유 없이 소방용수시설을 사용하거나 소방용수시설의 효용을 해치거나 그 정당한 사용을 방해한 사람
③ 정당한 사유 없이 소방대의 생활안전활동을 방해한 자
④ 정당한 사유 없이 소방대가 현장에 도착할 때까지 사람을 구출하는 조치 또는 불을 끄거나 불이 번지지 아니하도록 하는 조치를 하지 아니한 소방대상물 관계인

정답 ②

해설
정당한 사유 없이 소방용수시설을 사용하거나 소방용수시설의 효용을 해치거나 그 정당한 사용을 방해한 사람은 5년 이하의 징역 또는 5천만원 이하의 벌금에 처한다.

03

화재예방강화지구에 대한 설명으로 옳지 않은 것은?

① 위험물의 저장 및 처리 시설이 밀집한 지역을 화재예방강화지구로 지정할 수 있다.
② 소방관서장은 화재발생 우려가 크거나 화재가 발생할 경우 피해가 클 것으로 예상되는 지역에 대하여 화재예방강화지구로 지정할 수 있다.
③ 소방관서장은 화재 발생의 위험이 큰 경우 목재, 플라스틱 등 가연성이 큰 물건의 제거, 이격, 적재 금지 등을 명령할 수 있다.
④ 누구든지 화재예방강화지구에서는 모닥불, 흡연 등 화기를 취급하는 행위를 하여서는 아니된다.

정답 ②

해설
시·도지사가 화재발생 우려가 크거나 화재가 발생할 경우 피해가 클 것으로 예상되는 지역에 대하여 화재의 예방 및 안전관리를 강화하기 위해 지정·관리하는 지역이 화재예방강화지구이다.

04

다음 중 피난계획에 포함되어야 할 항목이 아닌 것은?

① 화재경보의 수단 및 방식
② 각 거실에서 옥외(옥상 또는 피난안전구역을 포함한다)로 이르는 피난경로
③ 피난약자 및 피난약자를 동반한 사람의 피난동선과 피난방법
④ 층별, 구역별 피난대상 인원의 연령별·직업별·성별현황

정답 ④

해설
층별, 구역별 피난대상 인원의 **연령별·성별현황**이다.

▶ 피난계획에 포함되어야 할 항목
  ㉠ 화재경보의 수단 및 방식
  ㉡ 층별, 구역별 피난대상 인원의 연령별·성별현황
  ㉢ 장애인, 노인, 임산부, 영유아 및 어린이 등 이동이 어려운 사람(이하 "피난약자"라 한다)의 현황
  ㉣ 각 거실에서 옥외(옥상 또는 피난안전구역을 포함한다)로 이르는 피난경로
  ㉤ 피난약자 및 피난약자를 동반한 사람의 피난동선과 피난방법
  ㉥ 피난시설, 방화구획, 그 밖에 피난에 영향을 줄 수 있는 제반 사항

[05~07] 다음 소방안전관리대상물의 현황을 보고 물음에 답하시오(1개월은 30일로 하고, 아래 제시된 사항 외에는 무시한다).

□용도	공동주택(아파트)
□규모	지상 35층, 지하 2층, 연면적 175,000m², 2,800세대
□소방안전관리자 현황	선임일 : 2023.3.2.
	교육이력 : 2022.3.15. 강습교육 수료

05

위 소방안전관리대상물 등급과 소방안전관리보조자 선임인원으로 옳은 것은?

① 특급, 11명
② 1급, 9명
③ 1급, 11명
④ 특급, 9명

정답 ②

해설
아파트의 경우 지하층을 제외하고 30층 이상이거나 높이 120미터 이상일 경우 1급 소방안전관리대상물이다. 연면적이 175,000m²라고 해도 특급 소방안전관리대상물이 되는 것은 아니다. 아파트에서 소방안전관리보조자는 300세대마다 1명씩 선임해야 하므로 2,800÷300 = 9.333...(소수점 이하는 버림)
∴ 소방안전관리보조자는 9명을 선임해야 한다.

06

위 소방안전관리대상물의 소방안전관리자 선임신고를 기한 내에 하지 않았다. 이에 대한 벌칙으로 옳은 것은?

① 벌칙사항에 해당하지 않음
② 300만원 이하의 벌금
③ 300만원 이하의 과태료
④ 200만원 이하의 과태료

정답 ④

해설
기간 내에 선임신고를 하지 아니하거나 소방안전관리자의 성명 등을 게시하지 아니한 자에게는 200만원 이하의 과태료에 처한다.

07

위 소방안전관리자의 실무교육 이수기한은?

① 2022년 9월 1일까지 이수하고, 그 이후 2년마다 이수하여야 한다.
② 2023년 9월 29일까지 이수하고, 그 이후 2년마다 이수하여야 한다.
③ 2024년 3월 1일까지 이수하고, 그 이후 2년마다 이수하여야 한다.
④ 2024년 3월 14일까지 이수하고, 그 이후 2년마다 이수하여야 한다.

정답 ④

해설
소방안전관리 강습교육을 수료한 후 1년 이내에 소방안전관리자로 선임된 사람은 해당 강습교육을 수료한 날에 실무교육을 이수한 것으로 보므로 2022년 3월 15일에 실무교육을 이수한 것이 되어 그 후 2년이 되는 날인 2024년 3월 14일까지 실무교육을 이수하고, 그 이후 2년마다 이수하여야 한다.

08

건설현장 소방안전관리자에 대한 내용으로 옳지 않은 것은?

① 선임기간은 소방시설공사 착공 신고일부터 건축물 사용승인일까지 선임하여야 한다.
② 선임한 날부터 14일 이내에 소방본부장 또는 소방서장에게 신고해야 한다.
③ 신축하려는 부분의 연면적의 합계가 1만 5천제곱미터 이상인 것은 건설현장 소방안전관리대상물에 포함된다.
④ 건설현장 소방안전관리자가 업무를 하지 않은 경우 1차 위반은 50만원, 2차 위반은 100만원, 3차 위반은 200만원의 과태료를 부과한다.

정답 ④

해설
건설현장 소방안전관리자가 업무를 하지 않은 경우 1차 위반은 100만원, 2차 위반은 200만원, 3차 위반은 300만원의 과태료를 부과한다.

09

방염처리물품에 대한 다음 〈보기〉에서 (㉠), (㉡)에 들어갈 내용으로 옳은 것은?

> 다중이용업소・의료시설・노유자시설・숙박시설 또는 (㉠)에서 사용하는 침구류・소파 및 의자는 방염처리된 제품의 사용을 (㉡)한다.

	㉠	㉡
①	종교시설	명령
②	장례시설	권장
③	종교시설	권장
④	장례시설	명령

정답 ②

해설
다중이용업소・의료시설・노유자시설・숙박시설 또는 (㉠장례시설)에서 사용하는 침구류・소파 및 의자는 방염처리된 제품의 사용을 (㉡권장)한다.

10

다음 중 처벌이 가장 무거운 사유는?
① 자체점검 결과 중대위반사항이 발견된 경우 필요한 조치를 하지 않은 관계인
② 공사현장에 임시소방시설을 설치·관리하지 아니한 자
③ 소방시설에 폐쇄·차단 등의 행위를 한 자
④ 소방시설등에 대하여 스스로 점검을 하지 아니하거나 관리업자등으로 하여금 정기적으로 점검하게 하지 아니한 자

정답 ③

해설
① 300만원 이하의 벌금에 처한다.
② 300만원 이하의 과태료를 부과한다.
③ 5년 이하의 징역 또는 5천만원 이하의 벌금에 처한다.
④ 1년 이하의 징역 또는 1천만원 이하의 벌금에 처한다.

11

다음 중 대수선에 해당하지 않는 것은?
① 기둥을 3개 이상 수선하는 경우
② 보를 3개 이상 변경하는 경우
③ 지붕틀을 2개 이상 수선하는 경우
④ 내력벽의 면적을 30㎡ 이상 수선하는 경우

정답 ③

해설
③ 지붕틀을 3개 이상 수선하는 경우가 대수선에 해당한다.

12

다음 중 내화구조에 대한 설명으로 옳지 않은 것은?

① 화재에 견딜 수 있는 성능을 가진 철근콘크리트조·연와조 기타 이와 유사한 구조를 말한다.
② 화재시에 일정시간 동안 형태나 강도 등이 크게 변하지 않는 구조를 말한다.
③ 인접 건축물 화재에 의한 연소방지와 건물 내에 화재확산을 방지하기 위한 구조이다.
④ 대체로 화재 후에도 재사용이 가능한 정도의 구조를 말한다.

정답 ③

해설
인접 건축물 화재에 의한 연소방지와 건물 내에 화재확산을 방지하기 위한 구조는 방화구조이다.

13

다음 중 불연성물질만 고른 것은?

㉠ 헬륨, 네온, 아르곤
㉡ 물, 이산화탄소
㉢ 질소 또는 질소산화물
㉣ 돌, 흙

① ㉠
② ㉠, ㉡
③ ㉠, ㉡, ㉢
④ ㉠, ㉡, ㉢, ㉣

정답 ④

해설
㉠은 불활성기체, ㉡은 산소와 화학반응을 일으킬 수 없는 물질, ㉢은 산소와 화합하여 흡열반응을 일으키는 물질, ㉣은 자체가 연소하지 않는 물질로 모두 불연성물질이다.

14

실내화재에서 성장기에 대한 설명으로 옳은 것을 모두 고른 것은?

> ㉠ 개구부에서 세력이 강한 검은 연기가 분출한다.
> ㉡ 가구 등에서 천장면까지 화재가 확대된다.
> ㉢ 구조물이 낙하할 수 있다.
> ㉣ 실내 전체에 화염이 충만하여 연소가 최고조에 달한다.

① ㉠, ㉡ ② ㉢, ㉣
③ ㉠, ㉡, ㉢ ④ ㉠, ㉡, ㉢, ㉣

정답 ①

해설
㉢㉣은 성장기가 아니라 최성기에 대한 설명이다.

15

아래 〈보기〉에서 산림화재에서 화염이 진행하는 방향에 있는 나무 등의 가연물을 미리 제거하는 소화방법과 동일한 방법을 모두 고르면?

> ㉠ 가스화재에서 밸브를 잠금으로서 연소를 중지시키는 방법
> ㉡ 유류화재에서 폼으로 유면을 덮어서 불을 끄는 방법
> ㉢ 물로 계의 열을 빼앗아 온도를 떨어트림으로서 불을 끄는 방법
> ㉣ 촛불을 입으로 불어서 끄는 방법

① ㉠, ㉡ ② ㉠, ㉣
③ ㉡, ㉢ ④ ㉠, ㉢, ㉣

정답 ②

해설
산림화재에서 화염이 진행하는 방향에 있는 나무 등의 가연물을 미리 제거하는 소화방법은 제거소화이다. 이에 해당하는 것은 ㉠, ㉣이다.

16

다음 특성을 가진 위험물은?

> 물과 반응하거나 자연발화에 의해 발열 또는 가연성가스가 발생하는 성질

① 제1류 위험물
② 제2류 위험물
③ 제3류 위험물
④ 제4류 위험물

정답 ③

해설
물과 반응하거나 자연발화에 의해 발열 또는 가연성가스가 발생하는 성질을 갖는 위험물은 **제3류** 위험물이다.

17

다음 중 전기화재의 원인으로 옳지 않은 것은?
① 누전차단기 고장으로 인한 발화
② 무거운 물건을 전선 위에 두어 단락으로 인한 발화
③ 전격용량 이상으로 멀티탭에 플러그를 꽂아 과열로 인한 발화
④ 저항열의 축적으로 인한 발화

정답 ④

해설
저항열의 축적에 의해서는 화재가 발생하지 않는다.

18

액화석유가스(LPG)에 대한 설명으로 틀린 것은?
① 가정용, 공업용으로 주로 사용된다.
② C_3H_8, C_4H_{10}이 주성분이다.
③ 비중이 1.5~2로 누출 시 낮은 곳으로 체류한다.
④ 폭발범위는 5~15%이다.

정답 ④

해설
폭발범위는 프로판(C_3H_8)이 2.1~9.5%, 부탄(C_4H_{10})이 1.8~8.4%이다.

19

방화구획에 대한 다음 〈보기〉에서 ( ) 안에 들어갈 내용으로 알맞게 짝지은 것은? (자동식 소화설비는 설치되어 있지 않음)

구획의 종류	구획단위
면적별 구획	• 10층 이하의 층은 바닥면적 (㉠) 이내마다 구획 • 11층 이상은 층내 바닥면적 (㉡)[벽 및 반자의 실내마감을 불연재료로 한 경우 (㉢)] 이내마다 구획
층별 구획	• 매층마다 구획(다만, 지하 1층에서 지상으로 직접 연결하는 (㉣) 부위 제외)

	㉠	㉡	㉢	㉣
①	1,000m²	200m²	500m²	경사로
②	2,000m²	400m²	1,000m²	옥외계단
③	3,000m²	600m²	1,500m²	경사로
④	3,000m²	600m²	1,000m²	옥외계단

정답 ①

해설

구획의 종류	구획단위
면적별 구획	• 10층 이하의 층은 바닥면적 (㉠1,000m²) 이내마다 구획 • 11층 이상은 층내 바닥면적 (㉡200m²)[벽 및 반자의 실내마감을 불연재료로 한 경우 (㉢500m²)] 이내마다 구획
층별 구획	• 매층마다 구획(다만, 지하 1층에서 지상으로 직접 연결하는 (㉣경사로) 부위 제외)

20

피난시설, 방화구획 및 방화시설의 폐쇄행위에 해당하지 않는 것은?
① 계단, 복도 등에 방범철책 등을 설치하는 것
② 비상구 등에 잠금장치를 설치하는 것
③ 임의구획으로 무창층을 만드는 것
④ 석고보드 또는 합판 등으로 비상구의 개방이 불가능하도록 하는 것

정답 ③

해설
임의구획으로 무창층을 만드는 것은 해당되지 않는다.

21

스프링클러설비 설치대상이 아닌 것은?
① 층수가 5층인 특정소방대상물
② 수용인원이 200명인 영화관
③ 연면적 1,000m²인 지하가
④ 700m²인 조산원 및 산후조리원

정답 ①

해설
층수가 **6층** 이상인 특정소방대상물이 스프링클러설비 설치대상이다.

22

다음 중 화재와 소화기 연결이 알맞게 된 것은?

① 나트륨, 칼륨 등 금속화재 - 분말소화기
② 타르, 솔벤트, 알코올 등의 유류화재 - 이산화탄소 소화기
③ 동식물유 화재 - 할론 소화기
④ 나무, 섬유, 종이 등 화재 - 이산화탄소 소화기

정답 ②

해설

① 나트륨, 칼륨 등 금속화재는 팽창질석 또는 마른모래등으로 소화해야 한다.
③ 동식물유 화재는 K급 화재로 K급소화기를 사용하여 소화해야 한다.
④ 나무, 섬유, 종이 등 화재는 A급 일반화재로 ABC급 분말소화기로 소화해야 한다.

23

소화기구의 설치기준으로 소화기구의 능력단위가 다른 것과 다른 것은?

① 공연장   ② 노유자시설
③ 관람장   ④ 집회장

정답 ②

해설

①③④는 소화기구의 능력단위가 해당 용도의 바닥면적 50m²마다 능력단위가 1단위 이상이어야 한다. ②는 해당 용도의 바닥면적 100m²마다 능력단위가 1단위 이상이어야 한다.

24

다음 중 옥외소화전에 대한 설명으로 옳은 것을 모두 고른 것은?

㉠ 방수량은 350L/min 이상일 것
㉡ 방수압력은 2개의 소화전(설치개수가 1개일 경우 1개)을 동시에 사용할 경우 각 노즐선단 방수압력이 0.25MPa 이상 0.7MPa 이하일 것
㉢ 지상용과 지하용(승하강식은 제외한다)으로 구분한다.
㉣ 소화전 설치개수(2개 이상일 때는 2개)에 7m³를 곱한 양 이상일 것

① ㉠, ㉡
② ㉠, ㉡, ㉢
③ ㉠, ㉡, ㉣
④ ㉠, ㉡, ㉢, ㉣

[정답] ③

[해설]
㉢ '지상용과 지하용(승하강식은 **포함한다**)으로 구분한다.'가 맞다.

25

자동방화셔터에 대한 내용으로 옳지 않은 것은?

① 피난이 가능한 60분+ 방화문 또는 60분 방화문으로부터 5m 이내에 별도로 설치해야 한다.
② 전동방식이나 수동방식으로 개폐할 수 있어야 한다.
③ 수직방향으로 폐쇄되는 구조가 아닌 경우는 불꽃, 연기 및 열감지에 의해 완전폐쇄될 수 있는 구조여야 한다.
④ 자동방화셔터의 상부는 상층 바닥에 직접 닿도록 하여야 한다.

[정답] ①

[해설]
피난이 가능한 60분+ 방화문 또는 60분 방화문으로부터 **3m** 이내에 별도로 설치해야 한다.

제 2 과목

26

다음 중 소화기에 대한 설명으로 옳지 않은 것은?
① ABC급 분말소화기 약제의 주성분은 제1인산암모늄이다.
② 능력단위가 2단위 이상이 되도록 소화기를 설치하여야 할 특정소방대상물 또는 그 부분에 있어서 간이소화용구의 능력단위가 전체 능력단위의 2분의 1을 초과하지 아니하게 한다(노유자시설의 경우에는 이를 제외).
③ 각 층마다 설치하되, 특정소방대상물의 각 부분으로부터 1개의 소화기까지의 보행거리가 소형소화기의 경우에는 20m 이내가 되도록 배치한다.
④ 소화기구(자동확산소화기 포함)는 바닥으로부터 높이 1.5m 이하의 곳에 비치한다.

[정답] ④

[해설]
소화기구(자동확산소화기 **제외**)는 바닥으로부터 높이 1.5m 이하의 곳에 비치한다.

27

다음과 같은 이산화탄소 소화기에 관련된 내용으로 옳지 않은 것은?

- 제조연월 : 2004년 12월
- 점검일 : 2022년 11월

① 자체점검 시 외관점검(혼, 손잡이 파괴 등)을 실시해야 한다.
② B·C급 화재에 적응성이 있다.
③ 내용연수 10년 경과에 따라 교체 또는 성능확인을 받아야 한다.
④ 소화기의 레버 조작으로 소화약제를 방사·중지할 수 있다.

[정답] ③

[해설]
내용연수 10년 경과에 따라 교체 또는 성능확인을 받아야 하는 규정은 분말소화기에만 적용되는 것으로 이산화탄소 소화기는 이 규정이 적용되지 않는다.

28

동력제어반에서 펌프운전 선택스위치를 자동 위치에 놓았을 경우 감시제어반에서 주펌프를 작동시키려 할 때 스위치 위치가 올바른 것은?

①
자동/수동 선택스위치    주펌프

②
자동/수동 선택스위치    주펌프

③
자동/수동 선택스위치    주펌프

④
자동/수동 선택스위치    주펌프

정답 ④

해설
옥내소화전설비의 동력제어반에서 펌프운전 선택스위치를 자동 위치에 놓았을 경우 감시제어반에서 자동/수동 선택스위치를 **수동**으로, 주펌프는 **기동**으로 놓아야 주펌프가 작동한다.

29

준비작동식 스프링클러설비의 점검에서 A and B감지기 작동 시 확인사항으로 옳지 않은 것은?

① 전자밸브(솔레노이드밸브) 작동
② 밸브개방표시등 점등
③ 화재표시등 점등
④ 펌프 자동기동

정답 ③

해설
'화재표시등 점등'은 A or B감지기 작동 시 확인사항이다.

30

습식 스프링클러설비의 말단시험밸브를 개방하였을 때 점검사항으로 옳지 않은 것은?

① 화재표시등 점등 확인
② 해당구역 밸브개방표시등 점등 확인
③ 해당 방호구역의 경보상태 확인
④ 솔레노이드밸브 개방여부 확인

정답 ④

해설
솔레노이드밸브 개방여부 확인은 준비작동식 스프링클러설비의 점검사항이다.

31

준비작동식 스프링클러설비의 감시제어반이 아래 〈그림〉과 같은 상태일 때 정상으로 관리하기 위한 조치사항으로 옳은 것은? (아래 그림에 제시된 사항 외에는 무시함)

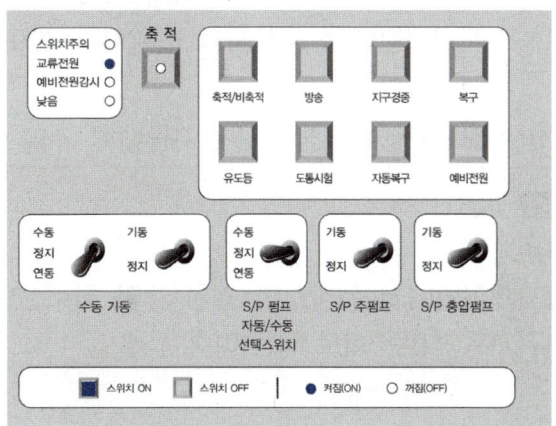

① S/P 주펌프 스위치를 기동위치에 놓아야 한다.
② S/P 펌프 자동/수동 스위치를 연동위치에 놓아야 한다.
③ 도통시험스위치를 눌러서 도통상태를 유지해야 한다.
④ 자동복구스위치를 눌러서 비화재보를 방지하여야 한다.

정답 ②

해설
S/P 펌프 자동/수동 스위치가 정지상태에 있을 경우 화재 시 자동으로 스프링클러설비가 작동하지 않아 화재를 소화하지 못하게 되니 연동위치로 놓아야 한다.

32

준비작동식 스프링클러설비의 점검 시 작동시키는 방법으로 옳지 않은 것은?

① 해당 방호구역의 감지기 2개 회로 작동
② 수동조작함의 수동조작스위치 작동
③ 감시제어반에서 동작시험 스위치나 회로선택 스위치로 작동
④ 밸브 자체에 부착된 수동기동밸브 개방

정답 ③

해설
감시제어반에서 동작시험 스위치 **및** 회로선택 스위치로 작동(2회로 작동)이다.

33

가스계소화설비의 제어반 자체점검 중 A, B감지기를 작동시켰으나 솔레노이드밸브가 작동하지 않았을 경우 솔레노이드밸브를 정상 작동시키기 위해 아래 제어반에서 작동하여야 할 스위치와 조치방법으로 옳은 것을 고르시오.

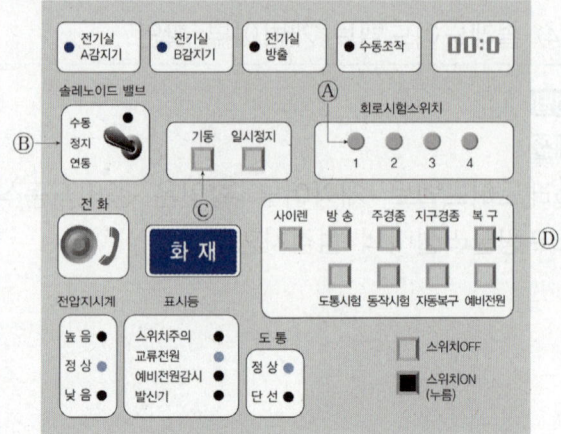

① Ⓐ번 회로시험스위치를 누른다.
② Ⓑ번 스위치를 연동 위치에 놓는다.
③ Ⓒ번 기동스위치를 누른다.
④ Ⓓ번 복구스위치를 누른다.

정답 ②

해설
Ⓑ번 스위치가 수동으로 되어 있으면 A, B 감지기가 작동되어도 솔레노이드밸브가 자동으로 작동하지 않게 된다. 자동으로 작동시키려면 연동 위치에 놓아야 한다.

34

스프링클러설비 감시제어반 점검사항으로 옳은 것은?

① 유수검지장치 시험장치 설치 적정 여부
② 유수검지에 따른 음향장치 작동 가능 여부
③ 화재감지기의 감지나 기동용 수압개폐장치의 작동에 따른 펌프 기동 확인
④ 펌프별 자동·수동 전환스위치 정상작동 여부

정답 ④

해설

▶ 스프링클러설비 감시제어반 점검사항
- 펌프 작동 여부 확인 표시등 및 음향경보장치 정상작동 여부
- 펌프별 자동·수동 전환스위치 정상작동 여부
- 유수검지장치·일제개방밸브 작동 시 표시 및 경보 정상작동 여부

35

다음 중 경계구역에 대한 내용으로 옳은 것만 짝지은 것은?

㉠ 하나의 경계구역이 2 이상의 건축물에 미치지 않도록 할 것
㉡ 하나의 경계구역이 2 이상의 층에 미치지 않도록 할 것
㉢ 하나의 경계구역의 면적은 600m² 이하로 하고 한 변의 길이는 60cm 이하로 할 것
㉣ 해당 특정소방대상물의 주된 출입구에서 그 내부 전체가 보이는 것에 있어서는 한 변의 길이가 50m의 범위 내에서 1,000m² 이하로 할 수 있다.

① ㉠, ㉡
② ㉠, ㉢
③ ㉠, ㉡, ㉣
④ ㉠, ㉢, ㉣

정답 ③

해설

옳은 것은 ㉠, ㉡, ㉣이다.
㉢ 하나의 경계구역의 면적은 600m² 이하로 하고 한 변의 길이는 **50cm** 이하로 할 것이다.

36

다음 조건의 장소에 설치되는 감지기의 최고 개수는?

- 주용도 : 사무실(바닥면적 210m²)
- 주요구조부 : 내화구조
- 감지기의 부착높이 : 3m
- 설치감지기 : 차동식스포트형 2종

① 6개　　② 4개
③ 3개　　④ 5개

정답 ③

해설
주요구조부가 내화구조이고 감지기의 부착높이가 4m 미만인 상황에서 차동식스포트형 2종의 감지기 설치유효면적은 70m²이므로 바닥면적이 210m²인 경우 210 ÷ 70 = 3
따라서 감지기의 최고 개수는 3개이다.

37

음향장치가 달린 수신기의 작동점검 결과가 아래와 같을 때 옳은 것은?

	전압	음향장치 음량 크기
지하1층	0[V]	100[dB]
1층	6[V]	80[dB]
2층	8[V]	90[dB]

① 지하1층 수신기의 전압은 정상이다.
② 1층, 2층 수신기의 음향장치의 음량크기는 정상이다.
③ 2층 수신기 전압은 불량이다.
④ 지하1층 수신기 음향장치 음량 크기는 정상이다.

정답 ④

해설
① 지하1층 수신기의 전압은 불량이다.
② 2층 수신기 음향장치의 음량 크기는 정상이나, 1층 수신기 음향장치의 음량 크기는 불량이다.
③ 2층 수신기 전압은 정상이다.

38

연면적 3,500m²인 특정소방대상물의 1층에 설치된 아래 수신기 상태를 보고 파악할 수 있는 내용으로 옳은 것은?

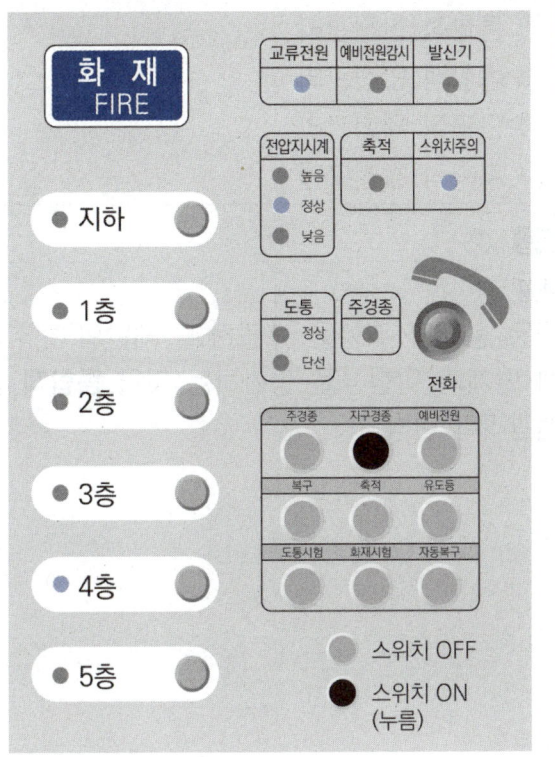

① 4층 발신기가 동작하였다.
② 모든 층에서 지구경종이 울리고 있다.
③ 4층과 5층에서만 지구경종이 울리고 있다.
④ 지구경종 버튼만 정상으로 만들면 스위치 주의등은 소등된다.

정답 ④

해설
① 4층 발신기가 동작한 것인지 4층 감지기가 화재를 감지하여 수신기로 신호를 보낸 것인지 불분명하다.
②③ 지구경종 버튼이 눌려져 있어 모든 지구경종이 울리지 않는 상황이다.
④ 지구경종 버튼만 정상으로 만들면 스위치주의등은 소등되는 상황이다.

39

소방대상물의 설치장소별 피난기구의 적응성에 대한 설명으로 옳지 않은 것은?

① 미끄럼대, 피난사다리, 구조대, 완강기, 다수인피난장비, 승강식피난기 – 영업장의 위치가 4층 이하인 다중이용업소
② 미끄럼대, 공기안전매트, 간이완강기 – 의료시설의 4층
③ 간이완강기 – 숙박시설의 3층 이상에 있는 객실
④ 공기안전매트 – 공동주택

정답 ②

해설
의료시설 4층에는 구조대, 피난교, 피난용트랩, 다수인피난장비, 승강식피난기가 적응성이 있다. 미끄럼대, 공기안전매트, 간이완강기 모두 적응성이 없다.

40

유도등의 점검내용으로 옳지 않은 것은?
① 3선식 유도등은 수신기에서 수동으로 점등 시 일괄 점등이 되는지 확인한다.
② 2선식 유도등은 평상시 점등되어 있는지 확인한다.
③ 2선식 유도등을 절전을 위해 소등하는 경우 예비전원에 충전되는지 확인한다.
④ 3선식 유도등은 감지기를 작동시켜 점등이 되는지 확인한다.

정답 ③

해설
2선식 유도등을 절전을 위하여 꺼 놓으면 유도등 내의 배터리가 충전이 되어 있지 않아 정전 시에도 점등이 되지 않는다.

41

소방계획의 주요원리 중 모든 형태의 위험을 포괄하고, 재난의 전주기적 단계의 위험성을 평가하는 것은 무엇인가?
① 통합적 안전관리
② 종합적 안전관리
③ 단편적 위험관리
④ 지속적 발전모델

정답 ②

해설
모든 형태의 위험을 포괄하고, 재난의 전주기적 단계의 위험성을 평가하는 것을 **종합적** 안전관리라 한다.

42

다음 〈보기〉의 화재 시 피난행동에 대한 설명으로 옳은 것만 짝지은 것은?

> ㉠ 유도등, 유도표지를 따라 대피한다.
> ㉡ 아래층으로 대피가 불가능한 경우 옥상으로 대피한다.
> ㉢ 건물 밖으로 대피하지 못할 경우 화재 확산이 적은 무창층으로 대피한다.
> ㉣ 화재 초기에는 엘리베이터를 이용하여 신속히 대피한다.

① ㉡
② ㉠, ㉡
③ ㉠, ㉡, ㉢
④ ㉠, ㉡, ㉢, ㉣

정답 ②

해설

㉢ 무창층은 피난상 또는 소화활동상 유효한 개구부의 면적의 합계가 그 층의 바닥면적의 1/30 이하인 층으로 사실상 밀폐공간이나 다름없어서 피난 또는 소화활동이 곤란한 곳으로 무창층으로 대피하지 말아야 한다.

㉣ 고층건축물에 설치된 피난용 승강기를 제외한 일반 엘리베이터는 화재 초기라도 이용해서는 안 되고 계단으로 대피해야 한다.

43

소방안전관리대상물의 자위소방대 교육 및 훈련계획에 대한 내용으로 옳은 것은?

① 교육·훈련 후 실시결과보고서를 작성하여 1년간 보관한다.
② 자위소방대 교육·훈련의 대상자는 자위소방대원, 대상물의 재실자, 종업원 방문자 등을 포함할 수 있다.
③ 대상물의 규모, 인원 및 이용형태와 관계없이 모든 훈련방법으로 실시한다.
④ 피난훈련은 자위소방대만을 대상으로 주간 및 야간훈련으로 나누어 실시한다.

정답 ②

해설

① 교육·훈련 후 실시결과보고서를 작성하여 **2년간** 보관한다.
③ 대상물의 규모, 인원 및 이용형태 등을 이용하여 **대상물에 적합한** 훈련대상 및 훈련방법을 결정해야 한다.
④ 피난훈련은 자위소방대와 **재실자**를 대상으로 주간 및 야간훈련으로 나누어 실시한다.

44

다음 소방교육 및 훈련의 원칙 중 <보기>에 해당하는 것은?

○ 한 번에 한 가지씩 습득 가능한 분량을 교육 및 훈련시킨다.
○ 쉬운 것에서 어려운 것으로 교육을 실시하되 기능적 이해에 비중을 둔다.

① 학습자 중심의 원칙
② 목적의 원칙
③ 동기부여의 원칙
④ 관련성의 원칙

정답 ①

해설

▶ 학습자 중심의 원칙
  ㉠ 한 번에 한 가지씩 습득 가능한 분량을 교육 및 훈련시킨다.
  ㉡ 쉬운 것에서 어려운 것으로 교육을 실시하되 기능적 이해에 비중을 둔다.
  ㉢ 학습자에게 감동이 있는 교육이 되어야 한다.

45

소방계획서의 작성과 관련된 내용으로 옳지 않은 것은?

① 소방안전관리대상물의 안전의식 및 안전문화 향상을 위해 화재예방 및 홍보 활동 내용을 포함한다.
② 소방계획에서 문서는 다양한 형태 및 형식으로 작성·관리가 가능하다.
③ 소방계획은 화재로 인한 재난의 예방·완화, 대비, 대응, 복구 등이 포함된 관리 및 대응계획으로 구성되어 있다.
④ 소방대상물 정보카드를 작성한 경우 입주사별 소방안전관리 현황은 작성하지 않아도 된다.

정답 ④

해설

소방대상물 정보카드는 소방대상물의 일반적인 정보만이 기입되어 있으므로 입주사별 소방안전관리 현황도 아울러 작성하여야 한다.

46

2023년 ○○건물의 자체점검결과이다. A~C실의 분말소화기의 작동점검결과가 아래 표와 같을 때, 점검표를 올바르게 작성한 것을 고르시오.

[분말소화기 점검 결과]

	A실	B실	C실
압력상태	0.7MPa	0.8MPa	0.6MPa
제조연월	2021.10	2014.02.	2015.11.

[작동점검표]

번호	점검항목	점검결과
1-A-0007	○ 지시압력계(녹색범위)의 적정여부	(ⓐ)
1-A-0008	○ 수동식, 분말소화기 내 용연수(10년) 적정여부	(ⓑ)

	ⓐ	ⓑ
①	○	×
②	×	○
③	○	○
④	×	×

정답 ②

해설

ⓐ 분말소화기의 지시압력계의 적정범위는 0.7~0.98MPa이므로 A, B실의 소화기는 양호하나 C실의 소화기는 0.6MPa로 불량(×)이다.
ⓑ A, B, C실 소화기 모두 내용연수(10년)를 넘지 않았으므로 양호(○)하다.

47

소방서장은 소방안전관리대상물의 관계인으로 하여금 합동소방훈련을 실시하게 할 수 있다. 이 경우, 합동소방훈련을 실시하게 할 수 있는 대상물에 해당되지 않는 것은?

① 연면적 30,000m²인 종합병원
② 층수가 12층인 업무시설
③ 연면적 20,000m²인 시외버스터미널
④ 지상 26층, 지하 3층인 아파트

정답 ④

해설

소방서장이 소방안전관리대상물의 관계인으로 하여금 합동소방훈련을 실시하게 할 수 있는 경우는 특급 및 1급 소방안전관리대상물일 경우이다. 따라서 특급 및 1급 소방안전관리대상물에 해당하지 않는 지상 26층, 지하 3층인 아파트는 합동소방훈련을 실시하게 할 수 있는 대상물에 해당하지 않는다.

①②③은 모두 1급 소방안전관리대상물로 합동소방훈련을 실시하게 할 수 있는 대상물에 해당한다.

48

장애인 및 노약자의 피난계획에 대한 내용으로 옳지 않은 것은?

① 장애 유형별 현황파악 및 피난보조자의 임무를 숙지한다.
② 교육 및 훈련을 통해 피난보조 능력을 향상시킨다.
③ 시각장애인에 대한 피난보조 시 시각적 전달을 위해 표정이나 제스처를 사용한다.
④ 비상구 위치 등 건물에 대해 숙지토록 한다.

정답 ③

해설
시각장애인의 경우 평상시와 같이 지팡이를 이용하여 피난토록 하고 피난보조자는 팔과 어깨에 살며시 기대도록 하여 안내하며 계단, 장애물 등을 미리 알려준다.

49

화상환자의 이동 전 조치사항으로 옳은 것은?

① 환부에 수포가 생겼다면, 흉터가 생길 수 있으므로 터트려 준다.
② 환부에 오염의 우려가 있을 때 소독거즈가 있을 경우 화상부위를 덮어준다.
③ 환자가 착용한 옷가지가 피부조직에 붙었을 때에는 옷을 잘라내어 통풍이 잘되게 한다.
④ 화상 부위는 열기가 남은 상태로서 유사한 온도의 따뜻한 물에 씻어준다.

정답 ②

해설
① 환부에 수포가 생겼다면 감염 우려가 있으니 터트리지 말아야 한다.
③ 환자가 착용한 옷가지가 피부조직에 붙었을 때에는 옷을 잘라내지 말아야 한다.
④ 화상 부위는 실온, 수압은 약하게 하여 화상부위보다 위에서 아래로 흘러내리도록 하여 식혀준다.

50

다음 피난안내도를 보고 이에 대한 설명으로 옳은 것은?

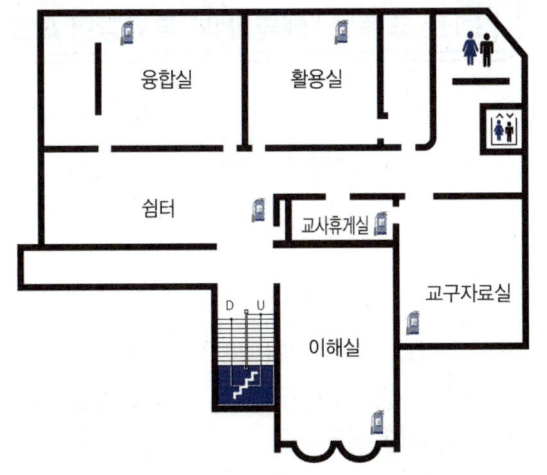

① 피난계획을 세울 때 2개 방향으로 피난할 수 있도록 계획한다.
② 이 층의 피난계단은 특별피난계단이다.
③ 계단이 연기로 가득하여 대피할 수 없을 경우 완강기를 이용하여 대피하도록 한다.
④ 이동이 불편한 장애인의 경우 2인 이상이 1조가 되어 피난을 보조한다.

정답 ④

해설

① 피난계획을 세울 때 1개 방향으로 피난할 수 있도록 한다.
② 부속실이 설치되어 있지 않은 일반적인 피난계단이다.
③ 각 실마다 소화기는 비치되어 있으나 완강기가 설치되어 있지 않아 완강기를 이용하여 대피할 수 있는 상황이 아니다.

FINAL 정답 및 해설 4회

는 유튜브 "에듀마켓" 무료강의 제공

4회차 정답

1	2	3	4	5
④	②	④	④	②
6	7	8	9	10
④	④	②	①	①
11	12	13	14	15
②	②	③	③	②
16	17	18	19	20
③	③	②	③	④
21	22	23	24	25
②	②	③	④	②
26	27	28	29	30
②	④	④	②	②
31	32	33	34	35
③	③	③	③	④
36	37	38	39	40
②	④	④	②	④
41	42	43	44	45
④	③	③	②	③
46	47	48	49	50
①	②	②	③	④

제1과목

01

소방안전관리 업무를 대행하는 자를 감독할 수 있는 자를 소방안전관리자로 선임하려고 한다. 선임이 가능한 경우는?

① 1급 소방안전관리대상물인 ABC빌딩에 1급 소방안전관리자 선임자격이 없는 관리소장
② 특급 소방안전관리대상물인 ABC빌딩에 특급 소방안전관리자 선임자격이 없는 관리소장
③ 10층, 연면적 25,000m²인 ABC빌딩에 1급 소방안전관리자 선임자격이 없는 소유자
④ 11층, 연면적 12,000m²인 ABC빌딩에 1급 소방안전관리자 선임자격이 없는 소유자

정답 ④

해설

11층, 연면적 12,000m²인 ABC빌딩은 1급 소방안전관리대상물이지만 연면적이 15,000m² 미만이므로 업무대행이 가능하다. 이를 감독할 수 있는 자를 소방안전관리자로 선임 가능하다.

▶ 업무대행 불가

㉠ 아파트를 제외한 대상물은 **특급, 1급** 중 연면적 **15,000m² 이상**은 업무대행 불가
㉡ 아파트의 경우 **특급** 및 **1급**은 업무대행 불가

02

다음 〈보기〉는 건설현장 소방안전관리대상물에 대한 내용이다. ( ) 안에 들어갈 내용으로 알맞은 것은?

- 신축·증축·개축·재축·이전·용도변경 또는 대수선을 하려는 부분의 연면적의 합계가 (㉠) 이상인 것
- 신축·증축·개축·재축·이전·용도변경 또는 대수선을 하려는 부분의 연면적이 (㉡) 이상인 것 중 다음 어느 하나에 해당하는 것
  - 지하층의 층수가 2개층 이상인 것
  - 지상층의 층수가 (㉢) 이상인 것
  - 냉동창고, 냉장창고 또는 냉동·냉장창고

	㉠	㉡	㉢
①	15,000m²	9,000m²	10층
②	15,000m²	5,000m²	11층
③	20,000m²	9,000m²	10층
④	20,000m²	5,000m²	11층

정답 ②

해설

- 신축·증축·개축·재축·이전·용도변경 또는 대수선을 하려는 부분의 연면적의 합계가 (㉠15,000m²) 이상인 것
- 신축·증축·개축·재축·이전·용도변경 또는 대수선을 하려는 부분의 연면적이 (㉡5,000m²) 이상인 것 중 다음 어느 하나에 해당하는 것
  - 지하층의 층수가 2개층 이상인 것
  - 지상층의 층수가 (㉢11층) 이상인 것
  - 냉동창고, 냉장창고 또는 냉동·냉장창고

03

소방안전관리자 갑과 소방안전관리보조자 을, 병, 정의 실무교육에 대한 내용으로 옳지 않은 이야기를 한 자는?

갑. 소방안전관리자로 최초로 선임된 경우 선임된 날로부터 6개월 이내에 실무교육을 받아야 한다.

을. 그 후에는 2년마다 1회 이상 실무교육을 받아야 한다.

병. 소방안전관리 강습교육을 받은 후 1년 이내에 소방안전관리자로 선임된 사람은 해당 강습교육을 수료한 날에 당해 실무교육을 이수한 것으로 본다.

정. 소방안전관리보조자의 경우 소방안전관리자 강습교육 또는 실무교육이나 소방안전관리보조자 실무교육을 받은 후 2년 이내에 소방안전관리보조자로 선임된 사람은 해당 강습교육을 수료하거나 실무교육을 이수한 날에 당해 실무교육을 이수한 것으로 본다.

① 갑 ② 을
③ 병 ④ 정

정답 ④

해설

정. 소방안전관리보조자의 경우 소방안전관리자 강습교육 또는 실무교육이나 소방안전관리보조자 실무교육을 받은 후 **1년** 이내에 소방안전관리보조자로 선임된 사람은 해당 강습교육을 수료하거나 실무교육을 이수한 날에 당해 실무교육을 이수한 것으로 본다.

04

소방시설의 자체점검에 대한 설명으로 옳은 것은?
① 고시원업의 영업장이 설치된 연면적 5,000㎡인 특정소방대상물은 종합점검대상에 해당하지 않는다.
② 선임된 소방안전관리자는 선임자격의 종류와 무관하게 종합점검을 실시할 수 있는 자격자에 해당한다.
③ 특급 및 1급 소방안전관리대상물은 연 1회 자체점검을 실시하여야 한다.
④ 특정소방대상물의 규모, 설치된 소방시설, 건축물의 사용승인일에 따라 자체점검의 종류 및 실시하는 시기 등이 다르다.

정답 ④

해설
① 고시원업의 영업장이 설치된 연면적 2,000㎡ 이상인 특정소방대상물은 종합점검대상이다.
② 소방안전관리자로 선임된 소방시설관리사 및 소방기술사여야 종합점검을 실시할 수 있다.
③ 특급 소방안전관리대상물은 연 2회(반기에 1회 이상) 실시하여 한다.

05

소방안전관리대상물 근무자 및 거주자 등에 대한 소방훈련에 대한 내용으로 옳지 않은 것은?
① 소방안전관리대상물의 관계인은 근무자등에게 소방훈련과 소방안전관리에 필요한 교육을 하여야 한다.
② 2급 소방안전관리대상물의 관계인은 소방훈련 및 교육을 한 날부터 30일 이내에 소방훈련 및 교육 결과를 소방본부장 또는 소방서장에게 제출하여야 한다.
③ 소방안전관리대상물의 관계인은 연 1회 이상 실시하여야 한다.
④ 관계인은 소방훈련·교육실시 결과기록부를 2년간 보관해야 한다.

정답 ②

해설
소방안전관리업무의 전담이 필요한 소방안전관리대상물(**특급 및 1급**)의 관계인은 소방훈련 및 교육을 한 날부터 30일 이내에 소방훈련 및 교육 결과를 소방본부장 또는 소방서장에게 제출하여야 한다.

06

소방관계법령에서 정하는 방염기준에 대한 설명으로 옳지 않은 것은?

① 방염의 목적은 화재 시 연소확대 방지와 지연을 통해 피난시간을 확보하여 인명 및 재산 피해를 줄이는데 있다.
② 노유자 시설, 숙박이 가능한 수련시설, 숙박시설은 방염성능기준 이상의 실내장식물 등을 설치해야 하는 장소이다.
③ 가상체험 체육시설업에 설치하는 스크린은 방염대상 물품이다.
④ 현장처리물품의 성능검사는 한국소방산업기술원이 실시한다.

정답 ④

해설
현장처리물품의 성능검사는 시·도지사(관할소방서장)가 실시한다.

07

다음 중 건축물의 높이 산정에 대한 내용으로 옳은 것은?

① 건축물의 높이는 지하층부터 해당 건축물의 상단까지의 높이로 한다.
② 층의 구분이 명확하지 아니한 건축물은 높이 3m마다 하나의 층으로 산정한다.
③ 건축물의 옥상부분으로 수평투영면적의 합계가 해당 건축물의 건축면적의 1/6 이하인 것은 층수산정에서 제외한다.
④ 건축물의 지상층만으로 층수에 산입한다.

정답 ④

해설
① 건축물의 높이는 **지표면**으로부터 해당 건축물의 상단까지의 높이로 한다.
② 층의 구분이 명확하지 아니한 건축물은 높이 **4m**마다 하나의 층으로 산정한다.
③ 건축물의 옥상부분으로 수평투영면적의 합계가 해당 건축물의 건축면적의 **1/8 이하**인 것은 층수산정에서 제외한다.

08

가연성 물질의 구비조건으로 옳은 것은?
① 표면적이 작다.
② 활성화 에너지의 값이 작다.
③ 열전도도가 크다.
④ 염소와의 친화력이 작다.

정답 ②

해설
① 표면적이 크다.
③ 열전도도가 작다.
④ 염소와의 친화력이 크다.

09

다음 중 중유의 연소범위 내에 해당하는 것은?
① 3vol%
② 7vol%
③ 9.5vol%
④ 15vol%

정답 ①

해설
중유의 연소범위는 1~5vol%이다.

10

연소용어에 대한 설명으로 틀린 것은?

① 발화점은 외부로부터의 직접적인 에너지 공급 없이 착화가 되는 최고온도를 말한다.
② 인화점은 낮을수록 위험하다.
③ 연소점은 일반적으로 인화점보다 대략 10℃ 정도 높다.
④ 점화에너지를 제거하여도 5초 이상 연소 상태가 유지되는 온도를 연소점이라 한다.

정답 ①

해설
발화점은 외부로부터의 직접적인 에너지 공급 없이 착화가 되는 **최저온도**를 말한다.

11

화재에 따른 소화방법으로 가장 적합한 것은?

① 목조건물 화재 시 이산화탄소 소화기로 억제소화한다.
② 경유탱크 화재 시 다량의 포(폼)를 방사하여 질식소화한다.
③ 칼륨 화재 시 다량의 물을 주수하여 냉각소화한다.
④ 통전 중인 변전실 화재 시 포소화기로 제거소화한다.

정답 ②

해설
① 이산화탄소 소화기를 사용하는 것은 냉각소화에 해당한다.
③ 칼륨 등 금속화재시 다량의 물을 주수하면 화재가 오히려 확대된다.
④ 포소화기는 질식소화 방법이다.

12

다음 특성을 가진 위험물은?

> 저온 착화하기 쉬운 가연성 물질로 연소 시 유독가스가 발생

① 제1류 위험물
② 제2류 위험물
③ 제3류 위험물
④ 제4류 위험물

정답 ②

해설
저온 착화하기 쉬운 가연성 물질로 연소 시 유독가스가 발생하는 위험물은 제2류 위험물이다.

13

전기안전 예방요령에 대한 내용으로 옳지 않은 것은?

① 전선은 묶거나 꼬이지 않도록 한다.
② 비닐장판 밑으로는 전선이 지나지 않도록 한다.
③ 플러그를 뽑을 때는 선을 당겨서 뽑는다.
④ 누전차단기를 설치하고 월 1~2회 동작 여부를 확인한다.

정답 ③

해설
플러그를 뽑을 때는 선을 당기지 말고 몸체를 잡고 뽑는다.

14

가스안전관리에 관한 설명으로 옳은 것은?
① 탐지대상 가스의 증기비중이 1보다 작은 경우 가스연소기 또는 관통부로부터 수평거리 4m 이내의 위치에 설치한다.
② C_3H_8의 폭발범위는 1.8~8.4%이다.
③ 액화천연가스의 주성분은 CH_4이다.
④ 탐지대상 가스의 증기비중이 1보다 큰 경우 천장면의 하방 30cm 이내의 위치에 설치한다.

정답 ③

해설
① 탐지대상 가스의 증기비중이 1보다 작은 경우 가스연소기로부터 **수평거리 8m** 이내의 위치에 설치한다.
② 프로판(C_3H_8)의 폭발범위는 **2.1~9.5%**이다.
④ 탐지대상 가스의 증기비중이 1보다 큰 경우 **바닥면의 상방 30cm** 이내의 위치에 설치한다.

15

다음 조건의 소방안전관리대상물에서 면적별 방화구획 최소 개수로 옳은 것은? (아래 조건 외에는 무시한다)

- 용도 : 업무시설
- 층수 : 지상 19층
- 바닥면적 : 각 층의 바닥면적 3,000m²
- 소방시설 설치현황 : 소화기, 스프링클러설비, 비상방송설비, 자동화재탐지설비, 비상콘센트설비 등

① 5층의 방화구획 최소 개수는 3개이다.
② 10층의 방화구획 최소 개수는 1개이다.
③ 13층의 방화구획 최소 개수는 13개이다.
④ 17층의 방화구획 최소 개수는 6개이다.

정답 ②

해설
스프링클러설비 기타 이와 유사한 자동식 소화설비를 설치한 경우 기준 면적의 3배 이내마다 구획하면 되므로 10층 이하는 바닥면적 3,000m² 이내마다 구획하면 되고 11층 이상의 층은 바닥면적 600m² 이내마다 구획하면 된다.
① 5층의 경우 3,000m² ÷ 3,000m² = 1개
② 10층의 경우 3,000m² ÷ 3,000m² = 1개
③ 13층의 경우 3,000m² ÷ 600m² = 5개
④ 17층의 경우 3,000m² ÷ 600m² = 5개
∴ 옳은 것은 ②이다.

16

피난시설, 방화구획 및 방화시설의 유지·관리에 대한 내용으로 옳지 않은 것은?

① 임의구획으로 무창층을 발생하게 하는 행위는 변경행위에 해당한다.
② 화재 시 소방호스 전개상 걸림·꼬임현상 등 소화활동에 지장을 초래한다고 판단되는 행위는 금지행위에 해당한다.
③ 피난시설, 방화구획 및 방화시설의 유지·관리에 대한 조치명령권자는 시·도지사, 소방본부장 또는 소방서장이다.
④ 배연설비가 작동되지 아니하도록 기능에 지장을 주는 행위는 훼손행위에 해당한다.

정답 ③

해설
피난시설, 방화구획 및 방화시설의 유지·관리에 대한 조치명령권자는 **소방본부장 또는 소방서장**이다.

17

방화문과 자동방화셔터에 대한 내용으로 옳지 않은 것은?

① 방화문은 항상 닫혀있는 구조여야 한다.
② 방화문이 항상 닫혀있지 않은 경우 화재발생시 불꽃, 연기 및 열에 의하여 자동으로 닫힐 수 있는 구조여야 한다.
③ 자동방화셔터는 불꽃이나 연기를 감지한 경우 완전 패쇄되는 구조여야 한다.
④ 자동방화셔터는 전동방식이나 수동방식으로 개폐될 수 있어야 한다.

정답 ③

해설
자동방화셔터는 불꽃이나 연기를 감지한 경우 일부 패쇄되는 구조여야 한다.

18

목욕장을 제외한 근린생활시설, 위락시설, 장례시설의 연면적이 몇 m² 이상인 경우 모든 층에 자동화재탐지설비를 설치해야 하는가?

① 300m² 이상
② 600m² 이상
③ 1,000m² 이상
④ 2,000m² 이상

정답 ②

해설
목욕장을 제외한 근린생활시설, 위락시설, 장례시설의 연면적이 **600m²** 이상인 경우 모든 층에 자동화재탐지설비를 설치해야 한다.

19

다음 중 소화기구의 설치기준에 대한 설명으로 옳지 않은 것은?

① 특정소방대상물의 설치장소에 따라 적합한 종류의 것으로 한다.
② 보일러실 등 부속용도별로 사용되는 부분에 대하여는 소화기구의 능력단위를 추가하여 설치한다.
③ 소화기는 각층마다 설치하되, 특정소방대상물의 각 부분으로부터 1개의 소화기까지의 보행거리가 소형소화기의 경우 30m 이내에 배치한다.
④ 자동확산소화기를 제외한 소화기구는 바닥으로부터 높이 1.5m 이하의 곳에 비치한다.

정답 ③

해설
소화기는 각층마다 설치하되, 특정소방대상물의 각 부분으로부터 1개의 소화기까지의 보행거리가 소형소화기의 경우 **20m** 이내에 배치한다.

20

옥내소화전설비 설치기준으로 옳지 않은 것은?

① 방수량은 130L/min 이상이어야 한다.
② 방수압력은 0.17MPa 이상 0.7MPa 이하여야 한다.
③ 방수구는 바닥으로부터 높이가 1.5m 이하가 되도록 해야 한다.
④ 호스의 구경은 65mm 이상의 것으로 해야 한다.

정답 ④

해설
호스의 구경은 **40mm** 이상의 것으로 해야 한다.

21

다음은 옥외소화전함에 대한 설명이다. ( ) 안에 들어갈 숫자의 합은?

옥외소화전설비에 옥외소화전마다 그로부터 ( )m 이내의 장소에 소화전함을 다음과 같이 설치한다.
㉠ 옥외소화전이 10개 이하 설치된 때 : 옥외소화전마다 ( )m 이내의 장소에 1개 이상의 소화전함 설치
㉡ 옥외소화전이 11개 이상 30개 이하 설치된 때 : ( )개 이상의 소화전함을 각각 분산하여 설치
㉢ 옥외소화전이 31개 이상 설치된 때 : 옥외소화전 ( )개마다 1개 이상의 소화전함 설치

① 23 ② 24
③ 25 ④ 26

정답 ②

해설
옥외소화전설비에 옥외소화전마다 그로부터 (5)m 이내의 장소에 소화전함을 다음과 같이 설치한다.
㉠ 옥외소화전이 10개 이하 설치된 때 : 옥외소화전마다 (5)m 이내의 장소에 1개 이상의 소화전함 설치
㉡ 옥외소화전이 11개 이상 30개 이하 설치된 때 : (11)개 이상의 소화전함을 각각 분산하여 설치
㉢ 옥외소화전이 31개 이상 설치된 때 : 옥외소화전 (3)개마다 1개 이상의 소화전함 설치
∴ 5+5+11+3=24이다.

22

스프링클러설비 배관에 대한 내용으로 옳은 것만 고르면?

> ㉠ 교차배관은 스프링클러헤드가 설치되어 있는 배관을 말한다.
> ㉡ 교차배관에서 분기되는 지점을 기준으로 한쪽 가지배관에 설치되는 헤드는 8개 이하여야 한다.
> ㉢ 교차배관은 가지배관과 수직 또는 밑에 설치한다.
> ㉣ 교차배관 중간에 청소구를 설치하고, 나사보호용의 캡으로 마감한다.

① ㉠ ② ㉡
③ ㉠, ㉡ ④ ㉠, ㉢, ㉣

정답 ②

해설
㉠ 교차배관은 직접 또는 수직배관을 통하여 가지배관에 급수하는 배관을 말한다.
㉢ 교차배관은 가지배관과 수평 또는 밑에 설치한다.
㉣ 교차배관 끝에 청소구를 설치하고, 나사보호용의 캡으로 마감한다.

23

펌프성능시험 중 150% 유량운전시험의 목적으로 맞는 것은?

① 펌프토출량을 "0"상태로 하여 릴리프밸브가 동작하는지를 확인하기 위한 시험이다.
② 정격압력 이상이 되는지를 확인하기 위한 시험이다.
③ 정격양정의 65% 이상이 되는지를 확인하기 위한 시험이다.
④ 펌프의 최대토출량을 확인하기 위한 시험이다.

정답 ③

해설
150% 유량운전(최대운전)은 유량계의 유량이 정격토출량의 150%가 되었을 때 정격양정의 65% 이상이 되는지를 확인하기 위한 시험이다.

24

연기에 포함된 미립자가 광원에서 방사되는 광속에 의해 산란반사를 일으키는 것을 이용하여 감지하는 방식의 감지기는?

① 차동식 스포트형
② 정온식 스포트형
③ 이온화식 스포트형
④ 광전식 스포트형

정답 ④

해설
연기에 포함된 미립자가 광원에서 방사되는 광속에 의해 산란반사를 일으키는 것을 이용하는 것은 광전식 스포트형 연기감지기이다.

25

유도등 및 유도표지에 대한 내용으로 옳지 않은 것은?

① 공연장·집회장에는 대형피난구유도등, 통로유도등, 객석유도등을 설치해야 한다.
② 손님이 춤을 출 수 있는 무대가 설치된 카바레에는 중형피난구유도등, 통로유도등을 설치해야 한다.
③ 창고시설에는 소형피난구유도등, 통로유도등을 설치해야 한다.
④ 층수가 11층 이상인 특정소방대상물에는 중형피난구유도등, 통로유도등을 설치해야 한다.

정답 ②

해설
카바레에는 **대형**피난구유도등, 통로유도등을 설치해야 한다.

제 2 과목

26

지하가 중 터널은 길이가 몇 m 이상일 경우 옥내소화전을 설치하는가?
① 500m   ② 1,000m
③ 600m   ④ 700m

정답 ②

해설
지하가 중 터널로서 길이 **1,000m** 이상은 옥내소화전 설치대상이다.

27

준비작동식 스프링클러설비의 프리액션밸브 작동과 관계없는 것은?
① 밸브 개방표시등 점등
② 사이렌 경보
③ 압력스위치 작동
④ 방호구역 외부 방출표시등 점등

정답 ④

해설
방호구역 외부 방출표시등 점등은 가스계 소화설비 작동과 관계되는 내용이다.

▶ 준비작동식 유수검지장치(프리액션밸브) 작동
  ㉠ 전자밸브(솔레노이브밸브) 작동
  ㉡ 중간챔버 감압
  ㉢ 밸브 개방
  ㉣ 압력스위치 작동 → 사이렌 경보, 밸브개방표시등 점등

28

다음 중 스프링클러설비 음향장치 및 기동장치 점검사항으로 옳지 않은 것은?

① 유수검지에 따른 음향장치 작동 가능 여부(습식·건식의 경우)
② 감지기 작동에 따라 음향장치 작동 여부(준비작동식 및 일제개방밸브의 경우)
③ 음향장치(경종 등) 변형·손상 확인 및 정상 작동(음량 포함) 여부
④ 펌프 작동 여부 확인 표시등 및 음향경보장치 정상작동 여부

정답 ④

해설
펌프 작동 여부 확인 표시등 및 음향경보장치 정상작동 여부는 '감시제어반'의 점검항목이다.

29

다음 〈그림〉은 가스계소화설비의 제어반이다. 제어반이 다음과 같은 상태일 때 감지기A와 감지기B를 작동시켰을 때 상태를 설명한 것으로 옳은 것은?

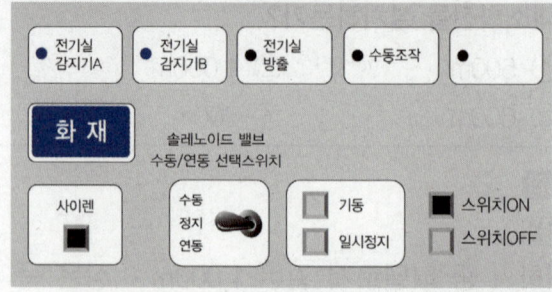

① 솔레노이드밸브가 작동하지 않고 화재경보기가 작동한다.
② 솔레노이드밸브가 작동하지 않고 화재경보기가 작동하지 않는다.
③ 솔레노이드밸브가 작동하고 화재경보기가 작동한다.
④ 솔레노이드밸브가 작동하고 화재경보기가 작동하지 않는다.

정답 ②

해설
솔레노이드밸브 수동/연동선택스위치가 정지상태에 있으므로 솔레노이드밸브는 작동하지 않고, 사이렌버튼이 눌려져 있으므로 화재경보기도 작동하지 않는다.

30

아래 〈사진〉의 가스계소화설비 기동용기함의 압력스위치를 점검하였을 때 확인해야 할 사항으로 옳지 않은 것은?

① 방출표시등 점등 확인
② 솔레노이드밸브의 작동
③ 수동조작함 방출등 점등 확인
④ 제어반 방출표시등 확인

정답 ②

해설

▶ 압력스위치 점검 시 확인사항
  ㉠ 방출표시등 점등 확인
  ㉡ 수동조작함 방출등 점등 확인
  ㉢ 제어반 방출표시등 확인

31

자동화재탐지설비의 점검사항으로 옳지 않은 것은?

① 비상전원 연결소켓이 분리된 경우 예비전원감시등이 점등된다.
② 수신기 내부의 퓨즈가 단선되면 퓨즈 옆에 적색 LED가 점등된다.
③ 점검시간을 단축하기 위하여 수신기를 축적위치로 하고 감지기 점검을 실시한다.
④ 수신기에 공급되는 전압상태가 정상상태라면 교류전원등에 점등되고, 전압지시 표시등은 정상에 점등되어야 한다.

정답 ③

해설

수신기를 비축적위치로 하고 감지기 점검을 실시한다.

32

다음 중 수신기의 회로도통시험과 관련이 없는 것은?

① 도통시험스위치를 누른다.
② 회로선택스위치를 각 경계구역에 맞춰 회전시킨다.
③ 자동복구스위치를 눌러놓고 시험한다.
④ 전압계가 있는 경우 도통시험 시 정상전압은 4~8[V]이다.

정답 ③

해설
자동복구스위치를 눌러놓고 시험하는 것은 동작시험이다. 회로도통시험 시에는 자동복구스위치를 눌러놓고 시험하지 않는다.

33

다음 중 가스계소화설비의 점검 시 점검 전 안전조치를 순서대로 나열한 것은?

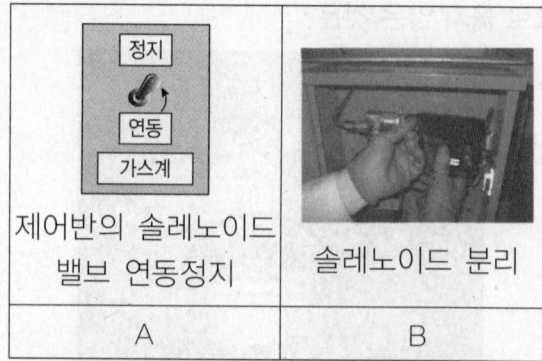

제어반의 솔레노이드 밸브 연동정지	솔레노이드 분리
A	B

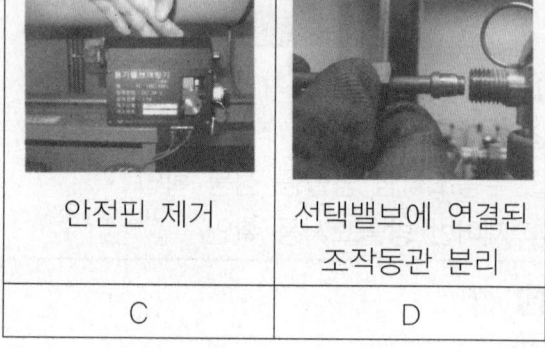

안전핀 제거	선택밸브에 연결된 조작동관 분리
C	D

① D - A - C - B
② D - B - A - C
③ D - A - B - C
④ D - B - C - A

정답 ③

해설
가스계소화설비의 점검 시 점검 전 안전조치는 D(선택밸브에 연결된 조작동관 분리) - A(제어반의 솔레노이드밸브 연동정지) - B(솔레노이드 분리) - C(안전핀 제거)의 순으로 진행한다.

34

가스계소화설비 점검을 위해 방호구역 내 교차회로(A, B) 감지기를 동작시켰을 때 확인사항으로 옳지 않은 것은?
① 경보발령여부 확인
② 솔레노이드밸브 작동 여부 확인
③ 방출표시등 점등 확인
④ 지연장치의 지연시간 체크 확인

정답 ③

해설
방출표시등이 점등 여부를 확인하는 것은 압력스위치의 테스트버튼을 당겼을 때이다.

35

다음은 ○○빌딩의 가스계소화설비의 감시제어반의 모습이다. 이 감시제어반의 문제점으로 옳지 않은 것은?

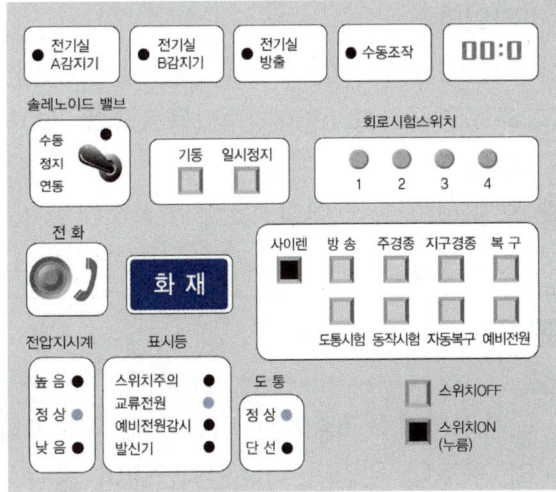

① 화재경보가 작동하지 않을 수 있다.
② 솔레노이브밸브가 수동으로 되어 있어 화재 시 자동으로 작동하지 않을 수 있다.
③ 교류전원으로 작동하고 있지 않다.
④ 화재표시등이 표시되지 않을 수 있다.

정답 ④

해설
사이렌버튼만 눌려져 있는 상황이므로 화재표시등은 정상적으로 작동할 수 있다.

36

다음 소방대상물의 설치장소별 적응성으로 옳은 것은?

① 다중이용업소 5층에 간이완강기를 설치하였다.
② 다중이용업소 4층에 완강기를 설치하였다.
③ 교육연구시설 5층에 피난용트랩을 설치하였다.
④ 입원실이 있는 의원 3층에 미끄럼대를 설치하였다.

정답 ②

해설

① 다중이용업소 5층에는 미끄럼대, 피난사다리, 구조대, 완강기, 다수인피난장비, 승강식피난기가 적응성 있는 피난기구에 해당한다.
② 다중이용업소 4층에는 완강기를 설치할 수 있다. 다중이용업소 3층에는 미끄럼대, 피난사다리, 구조대, 완강기, 다수인피난장비, 승강식피난기가 적응성 있는 피난기구에 해당한다.
③ 교육연구시설은 그 밖의 것의 적응성에 해당되는데 5층에는 피난사다리, 구조대, 완강기, 피난교, 간이완강기, 공기안전매트, 다수인피난장비, 승강식피난기가 적응성 있는 피난기구에 해당한다.
④ 입원실이 있는 의원 3층에는 구조대, 피난교, 피난용트랩, 다수인피난장비, 승강식피난기가 적응성 있는 피난기구에 해당한다.

37

유도등 점검내용으로 옳지 않은 것은?

① 3선식 유도등은 수신기에서 수동으로 점등시킨 후 점등여부 확인
② 2선식 유도등일 경우 평상 시 점등되어 있는지 여부 확인
③ 3선식 유도등일 경우 감지기 또는 발신기를 현장에서 동작시켜 유도등이 점등되는지 확인
④ 수신기에서 예비전원 시험을 통해 유도등의 예비전원 상태 확인

정답 ④

해설

예비전원 점검은 외부에 있는 점검스위치(배터리상태 점검스위치)를 당겨보는 방법 또는 점검버튼을 눌러서 점등상태를 확인한다.

38

소방계획의 내용으로 볼 수 없는 것은?

① 화재 예방을 위한 자체점검계획 및 진압대책
② 장애인 및 노약자의 피난계획을 포함한 피난계획
③ 소방설비의 유지관리계획
④ 화재예방강화지구의 지정

정답 ④

해설

시·도지사가 화재가 발생할 우려가 높거나 화재가 발생하는 경우 그로 인하여 피해가 클 것으로 예상되는 지역을 화재예방강화지구로 지정한다. 따라서 소방안전관리자가 소방계획으로 정할 수 있는 사항이 아니다.

39

소방계획의 절차는 1단계(사전기획) → 2단계(위험환경 분석) → 3단계(설계/개발) → 4단계(시행/유지관리)의 단계를 거쳐 시행된다. 2단계 위험환경 분석 내용에 해당되지 않는 것은?

① 위험환경 식별
② 위험환경 예방·대응계획 수립
③ 위험환경 분석/평가
④ 위험경감대책 수립

정답 ②

해설

위험환경 분석은 위험환경 식별 → 위험환경 분석/평가 → 위험경감대책 수립의 단계로 진행된다.

40

다음 중 초기대응체계의 인원편성에 대한 설명으로 옳지 않은 것은?

① 소방안전관리대상물의 근무자의 근무위치, 근무인원 등을 고려하여 편성한다.
② 소방안전관리보조자, 경비근무자 또는 대상물 관리인 등 상시 근무자를 중심으로 구성한다.
③ 휴일 및 야간에 무인경비시스템을 통해 감시하는 경우에는 무인경비회사와 비상연락체계를 구축할 수 있다.
④ 소방안전관리의 책임자인 소방안전관리자를 대장으로 지정하고, 소유주 등 관리기관의 책임자를 부대장으로 지정하여 지휘체계를 명확하게 한다.

정답 ④

해설
소방안전관리대상물의 소유주, 법인의 대표 또는 관리기관의 책임자를 자위소방대장으로 지정하고, 소방안전관리자를 부대장으로 지정한다.

41

자위소방대의 훈련내용으로 가장 옳은 것은?

① 교육훈련 대상자는 거주자를 제외한 자위소방대원, 재실자이다.
② 자위소방대원만을 대상으로 야간 피난훈련을 실시한다.
③ 합동훈련은 자위소방대와 소방관서만 참여하여 실시한다.
④ 소방훈련 실시결과 기록은 2년간 보관해야 한다.

정답 ④

해설
① 교육훈련 대상자는 자위소방대원, 대상물의 재실자, 종업원, 방문자 등을 포함할 수 있다.
② 자위소방대원과 재실자를 대상으로 야간 피난훈련을 실시한다.
③ 합동훈련은 자위소방대원, 재실자, 소방관서가 참여하여 실시한다.

42

자동화재탐지설비의 자체점검 시 다음과 같은 시험을 점검하여 확인한 결과를 점검표에 작성하였을 때 점검결과를 잘못 작성한 것을 고르면?

〈점검 시 확인한 결과〉

㉠ 배전실 연기감지기가 불량으로 확인되었다.
㉡ 수신기에서 도통시험 실시 결과 단선이 표시되었다.
㉢ 수신기의 스위치주의표시등이 점멸을 반복하고 있었다.
㉣ 예비전원 시험결과 전원표시등이 녹색으로 점등되었다.

〈점검결과를 작성한 점검표〉
(양호 ○, 불량 ×, 해당없음 /)

구분		점검항목	점검결과
①	전원	예비전원 점등 적정 여부	○
②	배선	수신기 도통시험 회로 정상 여부	×
③	수신기	조작스위치가 정상 위치에 있는지 여부	○
④	감지기	감지기 작동시험 적합 여부	×

정답 ③

해설
수신기에서 스위치주의표시등이 점멸을 반복하고 있었으므로 불량(×)으로 표시해야 한다.

43

응급처치 기본사항 중 기도확보에 대한 내용으로 옳지 않은 것은?

① 환자의 입(구강) 내에 이물질이 있을 경우 이물질이 빠져나올 수 있도록 기침을 유도한다.
② 만약 기침을 할 수 없는 경우에는 하임리히법을 실시한다.
③ 눈에 보이는 이물질은 손으로 꺼낸다.
④ 환자가 구토를 하는 경우 머리를 옆으로 돌려 구토물의 흡입으로 인한 질식을 예방해주어야 한다.

정답 ③

해설
눈에 보이는 이물질이라 하여 함부로 제거하려 해서는 안 된다.

44

피난·방화시설 중 계단에 대한 내용이다. ( ) 안에 들어갈 내용이 바르게 연결된 것은?

(㉠)	각 층에서 계단으로 가는데 계단실 앞 출입문이 1개 있음
(㉡)	각 층에서 계단으로 가는데 계단실 앞 출입문이 없음
(㉢)	각 층에서 계단으로 가는데 계단실 앞 출입문이 2개 있음

	㉠	㉡	㉢
①	직통계단	피난계단	특별피난계단
②	피난계단	직통계단	특별피난계단
③	특별피난계단	직통계단	피난계단
④	피난계단	특별피난계단	직통계단

정답 ②

해설

▶ 계단의 종류
- 직통계단 : 각 층에서 계단으로 가는데 계단실 앞 출입문이 없음
- 피난계단 : 각 층에서 계단으로 가는데 계단실 앞 출입문이 1개 있음
- 특별피난계단 : 각 층에서 계단으로 가는데 계단실 앞 출입문이 2개 있음

45

아래 〈그림〉은 가스계소화설비의 감시제어반이다. 이에 대한 설명으로 옳지 않은 것은?

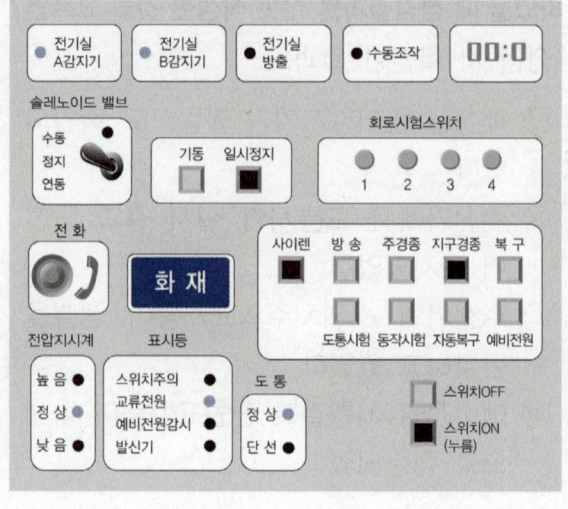

① 전기실 A,B감지기가 작동하였다.
② 전기실 출입문 위 약제방출표시등은 미점등상태일 것이다.
③ 전기실에 소화약제가 방출되었다.
④ 지구경종은 울리지 않았다.

정답 ③

해설

① 전기실 A,B감지기 표시등이 점등된 것으로 볼 때 전기실 A,B감지기가 작동하였다.
② 일시정지버튼이 눌려져 있는 상태이므로 전기실 출입문 위 약제방출표시등은 미점등상태일 것이다.
③ 일시정지버튼이 눌려져 있는 상태이므로 솔레노이드밸브도 작동하지 않고 전기실 소화약제는 방출되지 않았다.
④ 지구경종버튼이 눌려져 있는 상태이므로 지구경종은 울리지 않았다.

46

다음은 가스계소화설비의 주요 구성요소 중 하나이다. 이에 대한 설명으로 옳지 않은 것은?

① 가스관 선택밸브 1차측에 설치한다.
② 소화약제 방출 시의 압력을 이용하여 접점신호를 형성한다.
③ 접점신호를 제어반에 입력시킨다.
④ 약제 방출표시등을 점등시키는 역할을 한다.

정답 ①

해설
〈사진〉은 압력스위치로 가스관 선택밸브 2차측에 설치한다.

47

다음은 □□건물의 개요이다. 2023년 소방시설 등 자체점검 계획으로 가장 적합한 것은? (아래 조건을 제외한 것은 무시한다)

○ 주용도 : 근린생활시설
○ 층수 : 지하 2층, 지상 5층
○ 연면적 : 4,850m²
○ 사용승인일 : 2000.2.14.
○ 소방시설 설치현황 : 소화기, 옥내소화전설비, 유도등, 자동화재탐지설비, 비상방송설비, 비상조명등

① 소방시설관리업자로 하여금 2월 중 종합점검만 실시하도록 계획한다.
② 소방시설관리업자로 하여금 2월 중 작동점검만 실시하도록 계획한다.
③ 소방시설관리업자로 하여금 2월 중 작동점검, 8월 중 종합점검을 실시하도록 한다.
④ 소방시설관리업자로 하여금 2월 중 종합점검, 8월 중 작동점검을 실시하도록 한다.

정답 ②

해설
옥내소화전설비만 설치된 위 건물은 작동점검 대상으로 2월 중 작동점검만 실시하도록 계획하면 된다.

48

자동화재탐지설비 자체점검항목 중 감시제어반 점검항목에 해당하지 않는 것은?

	점검항목
①	유수검지장치 작동 시 표시 및 경보 정상 작동 여부
②	유수검지장치의 감지나 기동용 수압개폐장치의 작동에 따른 펌프의 기동 확인
③	펌프별 자동·수동 전환스위치 정상 작동 여부
④	펌프 작동 여부 확인 표시등 및 음향경보장치 정상작동 여부

정답 ②

해설

'유수검지장치의 감지나 기동용 수압개폐장치의 작동에 따른 펌프의 기동 확인'은 펌프자동 항목에 해당한다.

49

다음은 ○○건물에서 작성한 피난계획의 일부이다. 이에 대한 설명으로 옳지 않은 것은?

○○건물 피난계획	
피난인원	근무자 5명, 거주자 15명
경보방식	☑ 일제경보방식 ☐ 우선경보방식
피난경로	제1피난로 — 동측계단 제2피난로 — 서측계단
재해약자	☐ 고령자 ☑ 영유아 ☑ 이동장애

① 두 개의 피난계단을 이용하여 피난하는 것으로 계획을 수립해야 한다.
② 일제경보방식은 화재감지 시 모든 층에 경보를 발생시키는 방식이다.
③ 고령자, 영유아 등 재해약자를 위한 피난계획을 강구해야 한다.
④ 소방계획서 작성 시 피난계획 관련 사항을 포함시켜야 한다.

정답 ③

해설

영유아, 이동장애 등 재해약자를 위한 피난계획은 강구해야 한다.

50

피난계획 수립 시 장애유형별 피난을 보조하는 방법에 대한 설명으로 맞지 않는 것은?

① 지체장애인 – 2인 이상이 1조가 되어 피난을 보조하고 장애 정도에 따라 보조기구를 적극 활용한다.
② 청각장애인 – 표정이나 제스처를 사용하고 조명을 적극 활용하며 메모를 이용한 대화도 효과적이다.
③ 시각장애인 – 피난보조자는 팔과 어깨에 살며시 기대도록 하여 안내하며 계단, 장애물 등을 미리 알려준다.
④ 지적장애인 – 빠르고 큰 어조로 도움을 주러 왔음을 밝히고 피난을 보조한다.

정답 ④

해설
지적장애인은 공황상태에 빠질 수 있으므로 차분하고 느린 어조로 도움을 주러 왔음을 밝히고 피난을 보조한다.

FINAL 정답 및 해설 5회

🎬 는 유튜브 "에듀마켓" 무료강의 제공

5회차 정답

1	2	3	4	5
②	①	③	④	③
6	7	8	9	10
①	②	①	④	②
11	12	13	14	15
④	③	④	④	②
16	17	18	19	20
③	②	③	③	④
21	22	23	24	25
①	②	②	③	④
26	27	28	29	30
④	②	②	③	④
31	32	33	34	35
①	③	③	③	②
36	37	38	39	40
③	④	②	②	③
41	42	43	44	45
①	③	③	①	③
46	47	48	49	50
①	③	②	③	④

제1과목

01

다음 중 화재예방강화지구에 포함되는 지역이 아닌 것은?
① 노후・불량건축물이 밀집한 지역
② 고층건축물이 밀집한 지역
③ 공장・창고가 밀집한 지역
④ 위험물의 저장 및 처리 시설이 밀집한 지역

정답 ②

해설

고층건축물이 밀집한 지역은 화재예방강화지구에 포함되는 지역이 아니다.

▶ 화재예방강화지구
  ㉠ 시장지역
  ㉡ 공장・창고가 밀집한 지역
  ㉢ 목조건물이 밀집한 지역
  ㉣ 노후・불량건축물이 밀집한 지역
  ㉤ 위험물의 저장 및 처리 시설이 밀집한 지역
  ㉥ 석유화학제품을 생산하는 공장이 있는 지역
  ㉦ 「산업입지 및 개발에 관한 법률」 제2조제8호에 따른 산업단지
  ㉧ 소방시설・소방용수시설 또는 소방출동로가 없는 지역
  ㉨ 「물류시설의 개발 및 운영에 관한 법률」 제2조제6호에 따른 물류단지
  ㉩ 그 밖에 위 ㉠부터 ㉨까지에 준하는 지역으로서 소방관서장이 화재예방강화지구로 지정할 필요가 있다고 인정하는 지역

02

다음 중 소방기본법상 양벌규정의 적용을 받지 않는 것은?

① 화재 또는 구조·구급이 필요한 상황을 거짓으로 알린 사람
② 피난명령을 위반한 자
③ 화재가 발생하거나 불이 번질 우려가 있는 소방대상물 및 토지의 강제처분을 방해한 자
④ 사람을 구출하는 일 또는 불을 끄거나 불이 번지지 아니 하도록 하는 일을 방해한 사람

정답 ①

해설

양벌규정의 적용을 받으려면 벌금 이상의 벌칙을 받아야 한다. 따라서 ① 화재 또는 구조·구급이 필요한 상황을 거짓으로 알린 사람은 500만원 이하의 과태료에 처할 사유로 양벌규정의 적용을 받지 않는다.
② 피난명령을 위반한 자는 100만원 이하의 벌금에 처할 사유에 해당한다.
③ 화재가 발생하거나 불이 번질 우려가 있는 소방대상물 및 토지의 강제처분을 방해한 자는 3년 이하의 징역 또는 3천만원 이하의 벌금에 처할 사유에 해당한다.
④ 사람을 구출하는 일 또는 불을 끄거나 불이 번지지 아니 하도록 하는 일을 방해한 사람은 5년 이하의 징역 또는 5천만원 이하의 벌금에 처할 사유에 해당한다.

03

위반행위에 따른 법률상 과태료 부과기준이 잘못 짝지어진 것은?

	위반행위	과태료
①	화재 또는 구조·구급이 필요한 상황을 거짓으로 알렸다.	500만원 이하
②	소방자동차의 출동에 지장을 주었다.	200만원 이하
③	허가 없이 소방활동구역에 출입하였다.	100만원 이하
④	소방자동차 전용구역에 주차하였다.	100만원 이하

정답 ③

해설

소방활동구역을 출입한 사람은 200만원 이하의 과태료에 해당한다.

04

다음 중 옳지 않은 것은?

① 소방관서장은 소방시설등이 소방관계법령에 적합하게 설치·관리되고 있는지 확인하기 위하여 화재안전조사를 실시할 수 있다.
② 소방안전관리 업무 수행에 관한 사항은 화재안전조사 항목에 포함된다.
③ 소방관서장은 조사대상, 조사기간 및 조사사유 등 조사계획을 소방관서의 홈페이지나 전산시스템을 통하여 7일 이상 공개해야 한다.
④ 시·도지사는 화재가 발생하면 인명 또는 재산의 피해가 클 것으로 예상되는 경우에는 필요한 조치를 명할 수 있다.

정답 ④

해설

소방관서장은 화재가 발생하면 인명 또는 재산의 피해가 클 것으로 예상되는 경우에는 필요한 조치를 명할 수 있다.

05

연면적 42,000m² 인 업무시설에 선임해야 할 소방안전관리자 및 소방안전관리보조자의 최소 인원은?

① 소방안전관리자 1명, 소방안전관리보조자 1명
② 소방안전관리자 2명, 소방안전관리보조자 1명
③ 소방안전관리자 1명, 소방안전관리보조자 2명
④ 소방안전관리자 2명, 소방안전관리보조자 2명

정답 ③

해설

연면적 42,000m² 인 업무시설은 1급 소방안전관리대상물로 1급 이상의 자격을 가진 1명의 소방안전관리자를 선임하면 된다. 소방안전관리보조자의 경우 15,000m² 에 1명의 소방안전관리보조자를 선임해야 하고, 15,000m² 를 초과할 때마다 1명을 추가로 선임해야 하므로 42,000÷15,000 = 2.8(소수점 이하는 버리고) 따라서 2명의 소방안전관리보조자를 선임해야 한다.

06

아래 표는 A건물의 일반현황이다. 이 건물의 소방안전관리자로 선임될 수 없는 자는?

규모/구조	연면적 11,000m²/ 철근콘크리트조
용도	판매시설
소방시설	자동화재탐지설비, 물분무등소화설비, 스프링클러설비, 소화용수설비, 소화기
건축물현황	지하 4층, 지상 5층

① 1급 소방안전관리자 강습교육을 수료한 자
② 위험물산업기사
③ 의용소방대원으로 3년 근무하고 2급 소방안전관리자 시험에 합격한 자
④ 소방공무원으로 3년 근무한 경력이 있는 자

정답 ①

해설

A건물의 연면적이 11,000m²이므로 2급 소방안전관리대상물이다. 따라서 2급 이상 소방안전관리자의 자격을 가진 사람을 선임해야 하는데 1급 소방안전관리자 강습교육만을 수료한 자는 아직 시험에 합격하지 않아 1급 소방안전관리자 자격이 없으므로 이 건물의 소방안전관리자로 선임될 수 없다.

07

다음 중 특정소방대상물의 관계인의 업무가 아닌 것은?
① 화기취급의 감독
② 초기대응체계의 구성·운영·교육
③ 방화시설의 유지·관리
④ 소방시설의 유지·관리

정답 ②

해설

▶ 특정소방대상물의 관계인의 업무
  ㉠ 피난시설, 방화구획 및 방화시설의 유지·관리
  ㉡ 소방시설 그 밖의 소방관련시설의 유지·관리
  ㉢ 화기취급의 감독
  ㉣ 그 밖에 소방안전관리에 필요한 업무

08

소방안전관리자의 선임 및 해임에 대한 내용으로 옳은 것은?

① 관계인이 소방안전관리자를 선임하지 아니한 경우 300만원 이하의 벌금에 처한다.
② 특정소방대상물의 관계인은 소방안전관리자를 해임한 경우 14일 이내에 소방안전관리자를 선임해야 한다.
③ 관계인이 소방안전관리자를 해임한 경우 14일 이내에 관할 소방서장에게 신고해야 한다.
④ 관계인이 소방안전관리자를 선임한 경우 30일 이내에 한국소방안전원장에게 신고해야 한다.

[정답] ①

[해설]
② 특정소방대상물의 관계인은 소방안전관리자를 해임한 경우 **30일** 이내에 소방안전관리자를 선임해야 한다.
③ 해임한 경우 14일 이내에 관할 소방서장에게 신고해야 하는 규정은 **법령 개정으로 삭제되었다**.
④ 관계인이 소방안전관리자를 선임한 경우 **14일** 이내에 소방본부장 또는 소방서장에게 신고해야 한다.

09

건설현장 소방안전관리대상물이 아닌 것은?

① 대수선하려는 부분의 연면적의 합계가 18,000m²인 경우
② 12층 건물로 용도변경하려는 부분의 연면적이 6,000m²인 경우
③ 냉동창고로 신축하려는 부분의 연면적이 7,000m²인 경우
④ 지하1층 건물로 개축하려는 부분의 연면적이 5,000m²인 경우

[정답] ④

[해설]

▶ 건설현장 소방안전관리대상물
  ㉠ 신축·증축·개축·재축·이전·용도변경 또는 대수선을 하려는 부분의 연면적 합계가 1만5천제곱미터 이상인 것
  ㉡ 신축·증축·개축·재축·이전·용도변경 또는 대수선을 하려는 부분의 연면적이 5천제곱미터 이상인 것 중 다음의 어느 하나에 해당하는 것
    ⓐ 지하층의 층수가 2개층 이상인 것
    ⓑ 지상층의 층수가 11층 이상인 것
    ⓒ 냉동창고, 냉장창고 또는 냉동·냉장창고

10

아래 내용에 해당하는 사람에게 적용할 수 있는 벌칙사항으로 옳은 것은?

- 소방시설·피난시설·방화시설 및 방화구획 등이 법령에 위반된 것을 발견하고도 필요한 조치를 요구하지 않은 소방안전관리자
- 소방안전관리자를 선임하지 아니한 자

① 300만원 이하의 과태료
② 300만원 이하의 벌금
③ 1년 이하의 징역 또는 1천만원 이하의 벌금
④ 3년 이하의 징역 또는 3천만원 이하의 벌금

정답 ②

해설
소방시설·피난시설·방화시설 및 방화구획 등이 법령에 위반된 것을 발견하고도 필요한 조치를 요구하지 않는 소방안전관리자, 소방안전관리자를 선임하지 아니한 자에게는 **300만원 이하의 벌금**에 처한다.

11

무창층의 설명으로 맞는 것은?

① 지름 50cm 이하의 원이 통과할 수 있는 크기일 것
② 해당 층의 바닥면으로부터 개구부의 밑부분까지의 높이가 1.5m 이내일 것
③ 개구부의 면적의 합계가 해당 층의 바닥면적의 $\frac{1}{50}$ 이하일 것
④ 화재 시 건축물로부터 쉽게 피난할 수 있도록 창살이나 그 밖의 장애물이 설치되어 있지 아니할 것

정답 ④

해설
① 지름 50cm **이상**의 원이 통과할 수 있는 크기일 것
② 해당 층의 바닥면으로부터 개구부의 밑부분까지의 높이가 **1.2m** 이내일 것
③ 개구부의 면적의 합계가 해당 층의 바닥면적의 $\frac{1}{30}$ 이하일 것

12

다음 중 방염성능기준 이상의 실내장식물 등을 설치하여야 할 장소가 아닌 것은?

① 체력단련장
② 실내 배드민턴장
③ 11층 아파트
④ 의료시설 중 종합병원

정답 ③

해설
건축물의 층수가 11층 이상인 것은 해당되지만 **아파트는 제외**된다.

13

아래 소방대상물에 대한 설명으로 옳지 않은 것은? (아래 제시된 사항 외에는 무시함)

용도	업무시설
규모	지상 7층, 지하 3층
연면적	6,500m²
구조	내화구조
건축물 사용승인일	2018.4.17
소방시설	소화기, 옥내소화전설비, 스프링클러설비, 자동화재탐지설비, 유도등

① 특정소방대상물이다.
② 종합점검 대상이다.
③ 2급 소방안전관리대상물이다.
④ 매년 4월 말까지 작동점검을 실시하면 된다.

정답 ④

해설
연면적이 6,500m²이고 스프링클러설비가 설치되어 있는 특정소방대상물이므로 종합점검 대상이다. 건축물 사용승인일이 2018년 4월 17일이므로 매년 4월 말까지 종합점검을 실시하여야 하고, 작동점검은 매년 10월 말까지 실시해야 한다.

14

다음은 건축용어에 대한 설명이다. ( ) 안에 알맞은 것은?

(㉮) : 기존 건축물의 전부 또는 일부[내력벽·기둥·지붕틀 중 (㉯) 이상이 포함되는 경우를 말한다]를 철거하고, 그 대지 안에 종전과 동일한 규모의 범위 안에서 건축물을 다시 축조하는 것을 말한다.

① ㉮ : 재축, ㉯ : 3개
② ㉮ : 개축, ㉯ : 4개
③ ㉮ : 재축, ㉯ : 4개
④ ㉮ : 개축, ㉯ : 3개

정답 ④

해설

- (개축) : 기존 건축물의 전부 또는 일부[내력벽·기둥·지붕틀 중 (3개) 이상이 포함되는 경우를 말한다]를 철거하고, 그 대지 안에 종전과 동일한 규모의 범위 안에서 건축물을 다시 축조하는 것을 말한다.

15

가연성 물질의 구비조건으로 옳은 것은?

① 연소열이 작다.
② 열전도율이 작다.
③ 건조도가 낮다.
④ 산소와의 친화력이 작다.

정답 ②

해설

① 연소열이 크다.
③ 건조도가 높다.
④ 산소와의 친화력이 크다.

16

다음 중 화기취급작업에 해당하는 것을 모두 고르면?

> ㉠ 용접·용단작업
> ㉡ 연마기로 철근을 연마하는 작업
> ㉢ 대형 인두기로 구리 배관을 땜(Soldering, Brazing)하는 작업
> ㉣ 드릴로 철판을 뚫는 작업
> ㉤ 인화성 및 산화성 물질을 취급하는 작업

① ㉠, ㉡
② ㉡, ㉢, ㉢
③ ㉠, ㉡, ㉢, ㉣
④ ㉠, ㉡, ㉢, ㉣, ㉤

정답 ③

해설
㉠, ㉡, ㉢, ㉣이 화기취급작업에 해당한다. 화기취급 작업은 용접(Welding), 용단(Cutting), 연마(Grinding), 땜(Soldering, Brazing), 드릴(Drilling) 등 화염 또는 불꽃(스파크)을 발생시키는 작업 또는 가연성 물질의 점화원이 될 수 있는 모든 기기를 사용하는 작업이다. 인화성 및 산화성 물질을 취급하는 작업은 화염 또는 불꽃(스파크)을 발생시키는 작업 또는 가연성 물질의 점화원이 될 수 있는 모든 기기를 사용하는 작업이 아니므로 화기취급작업에 해당하지 않는다.

17

다음 중 휘발유의 연소범위 내에 해당하는 것은?
① 0.4vol%
② 3vol%
③ 8vol%
④ 9.8vol%

정답 ②

해설
휘발유의 연소범위는 1.2~7.6vol%이다.

18

다음은 연소의 특성에 대한 설명이다. 옳지 않은 것을 모두 고른 것은?

㉠ 연소범위에서 외부의 직접적인 점화원에 의해 인화될 수 있는 최저온도를 '발화점'이라고 한다.
㉡ 외부의 직접적인 점화원 없이 가열된 열 축적에 의하여 착화되는 최저온도를 '인화점'이라고 한다.
㉢ 연소상태가 계속될 수 있는 온도를 '착화점'이라고 한다.
㉣ 연소점은 일반적으로 인화점보다 10℃ 높다.

① ㉠
② ㉠, ㉡
③ ㉠, ㉡, ㉢
④ ㉠, ㉡, ㉢, ㉣

정답 ③

해설
㉠ × 연소범위에서 외부의 직접적인 점화원에 의해 인화될 수 있는 최저온도를 '인화점'이라고 한다.
㉡ × 외부의 직접적인 점화원 없이 가열된 열 축적에 의하여 착화되는 최저온도를 '발화점'이라고 한다.
㉢ × 연소상태가 계속될 수 있는 온도를 '연소점'이라고 한다.
㉣ ○ 연소점은 일반적으로 인화점보다 10℃ 높다.

19

화재의 분류로 잘못된 것은?
① 목탄 - 일반화재 - A급 화재
② 중유 - 유류화재 - B급 화재
③ 메탄 - 일반화재 - C급 화재
④ 식물성유지 - 주방화재 - K급 화재

정답 ③

해설
메탄은 가스화재에 해당한다.

20

연기가 신체에 미치는 영향으로 잘못 설명된 것은?

① 시야를 감퇴하여 피난행동 및 소화활동을 저해한다.
② 연기성분 중 유독물의 발생으로 생명이 위험하다.
③ 정신적으로 긴장 또는 패닉현상에 빠지게 되는 2차적 재해의 우려가 있다.
④ 최근 건물화재의 특징은 방염(난연)처리된 자재를 사용하여 연소 자체가 억제되어 소량의 연기입자 및 유독가스가 발생하는 특징이 있다.

정답 ④

해설
최근 건물화재의 특징은 방염(난연)처리된 자재를 사용하여 연소 그 자체는 억제되고 있지만 다량의 연기입자 및 유독가스를 발생하는 특징이 있다.

21

다음 소화방법 중 물리적 작용에 의한 소화가 아닌 것은?

① 연쇄반응의 중단에 의한 소화
② 화염의 불안정화에 의한 소화
③ 농도 한계에 의한 소화
④ 연소에너지 한계에 의한 소화

정답 ①

해설
연쇄반응의 중단에 의한 소화는 화학적 작용에 의한 소화이다.

22

용접작업의 화재 위험성에 대한 내용으로 옳지 않은 것은?

① 용접작업 시에 작은 입자의 용적들이 비산하는 현상을 스패터 현상이라고 한다.
② 아크용접에서는 가스폭발, 아크 휨, 짧은 아크 등일 경우 스패터 현상이 발생하게 된다.
③ 가스용접에서는 용접의 불꽃의 세기가 강할 경우 스패터 현상 발생률이 높아진다.
④ 용접 불티의 비산거리는 실내에서 무풍 시에는 약 11m 정도이다.

정답 ②

해설
아크용접에서는 가스폭발, 아크 휨, **긴 아크** 등일 경우 스패터 현상이 발생하게 된다.

23

위험물안전관리자에 대한 다음 내용 중 ( ) 안에 들어갈 알맞게 짝지은 것은?

- 제조소등의 관계인은 위험물안전관리자를 해임하거나 퇴직한 때에는 그 날부터 (㉠) 이내에 다시 선임하여야 한다.
- 제조소등의 관계인은 위험물안전관리자를 선임한 날로부터 (㉡) 이내에 소방본부장 또는 소방서장에게 신고하여야 한다.

① ㉠ 14일, ㉡ 30일
② ㉠ 30일, ㉡ 14일
③ ㉠ 7일, ㉡ 14일
④ ㉠ 14일, ㉡ 7일

정답 ②

해설
제조소등의 관계인이 위험물안전관리자를 해임하거나 퇴직한 때에는 그 날로부터 (㉠30일) 이내에 다시 선임하여야 하고, 선임한 날로부터 (㉡14일) 이내에 소방본부장 또는 소방서장에게 신고하여야 한다.

24

다음 〈보기〉의 특성을 가진 위험물에 해당하는 것은?

- 가연성으로 산소를 함유하고 있다.
- 가열, 충격, 마찰 등에 의해 착화 및 폭발한다.
- 연소속도가 매우 빨라서 소화가 곤란하다.

① 제2류 위험물 ② 제3류 위험물
③ 제5류 위험물 ④ 제6류 위험물

정답 ③

해설
가연성으로 산소를 함유하여 자기연소하고, 가열, 충격, 마찰 등에 의해 착화 및 폭발하며, 연소속도가 매우 빨라서 소화가 곤란한 위험물은 **제5류** 위험물이다.

25

전기 화재의 주요 원인으로 옳지 않은 것은?
① 전기기계기구의 누전에 의한 발화
② 멀티콘센트의 허용전류를 초과해서 발생하는 과전류에 의한 발화
③ 전선이 무거운 물건 등에 눌렸을 때 단락에 의한 발화
④ 열선 및 전기기계기구 등의 절연으로 인한 발화

정답 ④

해설
배선 및 전기기계기구 등의 절연은 오히려 전기 화재를 방지하는 것으로 전기 화재의 주요 원인으로 볼 수 없다.

제 2 과목

26

소화기의 지시압력과 옥내소화전의 방수압력이 아래와 같을 때 옳은 것은?

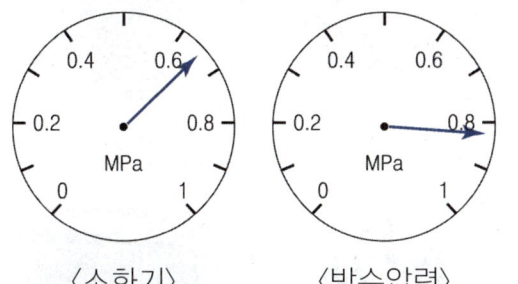

⟨소화기⟩   ⟨방수압력⟩

	소화기	방수압력
①	양호	양호
②	양호	불량
③	불량	양호
④	불량	불량

정답 ④

해설

소화기의 정상 지시압력은 0.7~0.98MPa이고, 옥내소화전의 정상 방수압력은 0.17~0.7MPa이므로 소화기의 지시압력과 옥내소화전의 방수압력 모두 불량이다.

27

다음 특정대상물별 소화기구의 능력단위 기준을 나타내는 표에서 (   ) 안에 들어갈 수 없는 것은?

특정소방대상물	소화기구의 능력단위
( )	해당 용도의 바닥면적 100㎡마다 능력단위 1단위 이상

① 근린생활시설　② 의료시설
③ 공동주택　　　④ 방송통신시설

정답 ②

해설

의료시설은 해당 용도의 바닥면적 50㎡마다 능력단위 1단위 이상이다.

▶ 특정대상물별 소화기구의 능력단위 기준

특정소방대상물	소화기구의 능력단위
1. 위락시설	해당 용도의 바닥면적 30㎡마다 능력단위 1단위 이상
2. 공연장·집회장·관람장·문화재·장례식장 및 의료시설	해당 용도의 바닥면적 50㎡마다 능력단위 1단위 이상
3. 근린생활시설·판매시설·운수시설·숙박시설·노유자시설·전시장·공동주택·업무시설·방송통신시설·공장·창고시설·항공기 및 자동차 관련 시설 및 관광휴게시설	해당 용도의 바닥면적 100㎡마다 능력단위 1단위 이상
4. 그 밖의 것	해당 용도의 바닥면적 200㎡마다 능력단위 1단위 이상

28

다음 옥내소화전설비의 동력제어반의 상태가 아래와 같을 때 평상 시 상태로 하기 위한 조치로 옳지 않은 것은?

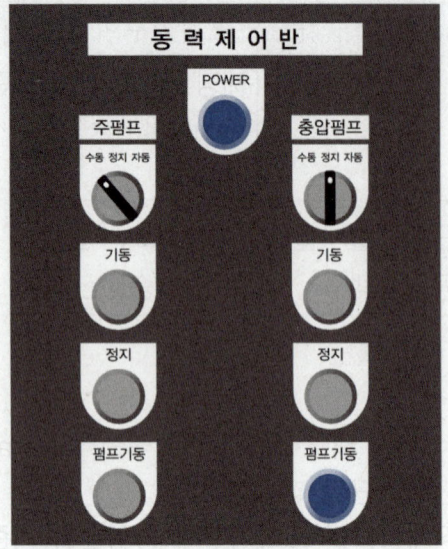

① 주펌프 정지표시등이 점등되어야 한다.
② 충압펌프를 기동해야 한다.
③ 충압펌프 작동 스위치를 자동으로 절환해야 한다.
④ 주펌프 작동 스위치를 자동으로 절환해야 한다.

정답 ②

해설
충압펌프 기동표시등이 소등되어야 한다.

29

아래 습식 스프링클러설비의 작동순서로 맞는 것은?

① ㉢ - ㉣ - ㉡ - ㉠
② ㉢ - ㉡ - ㉠ - ㉣
③ ㉢ - ㉡ - ㉣ - ㉠
④ ㉢ - ㉣ - ㉠ - ㉡

정답 ③

해설
㉢ 화재발생 → 헤드 개방 및 방수 → 2차측 배관 압력 저하 → ㉡ 클래퍼 개방 → ㉣ 압력스위치 작동 → ㉠ 주펌프 기동 순으로 진행된다.

30

준비작동식 유수검지장치를 작동시키는 방법으로 틀린 것은?

① 해당 방호구역의 감지기 2개 회로 작동
② 밸브 자체에 부착된 수동기동밸브 개방
③ SVP(수동조작함)의 수동조작스위치 작동
④ 감시제어반(수신기)에서 동작시험 스위치 또는 회로선택스위치로 작동

정답 ④

해설
감시제어반(수신기)에서 동작시험 스위치 **및** 회로선택 스위치로 작동(2회로 작동)해야 한다.

31

감시제어반(준비작동식)에 감지기 A와 화재표시등에 적색등이 점등되고 있다면 일어나는 현상은?

① 방호구역 내 음향장치(사이렌)가 작동한다.
② 스프링클러 헤드가 개방된다.
③ 펌프가 작동한다.
④ 밸브 1차측 물이 2차측으로 넘어간다.

정답 ①

해설
감지기 A와 화재표시등이 점등된 경우에는 준비작동식 스프링클러설비는 작동하지 않고, 펌프도 기동하지 않는다. 방호구역내 음향장치(사이렌)만 작동한다.

32

아래 그림에서 설명하는 계단이 각각 옳게 연결된 것은?

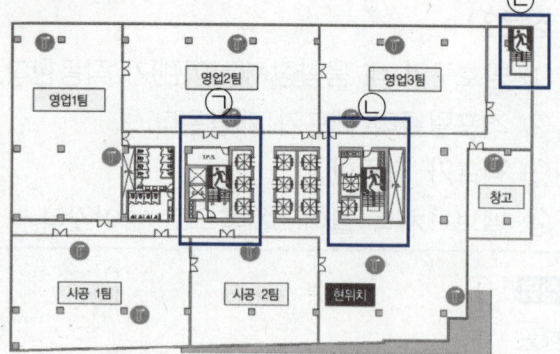

- ㉠ 피난동선은 옥내 → 부속실 → 계단실 → 피난층이다.
- ㉡ 건축물의 내부 다른 부분과 방화구획 및 계단실과 옥내 사이에 부속실을 설치한 계단이다.
- ㉢ 피난동선은 옥내 → 계단실 → 피난층이다.

	㉠	㉡	㉢
①	피난계단	특별피난계단	피난계단
②	피난계단	특별피난계단	특별피난계단
③	특별피난계단	특별피난계단	피난계단
④	특별피난계단	피난계단	특별피난계단

정답 ③

해설
㉠㉡은 특별피난계단, ㉢은 피난계단이다.

33

다음 중 가스계소화설비의 동작확인 내용으로 옳지 않은 것은?

① 작동계통 정상 여부 확인
② 경보발령 여부 확인
③ 자동폐쇄장치 및 환기장치 작동 여부 확인
④ 지연장치의 지연시간 체크 확인

정답 ③

해설
자동폐쇄장치 작동 및 환기장치 **정지** 여부 확인이다.

34

로터리 방식 자동화재탐지설비의 회로 도통시험의 적부판정방법에 대한 내용으로 옳지 않은 것은?

① 전압계가 있는 경우 단선이면 0V를 가리킨다.
② 도통시험 확인등이 있는 경우 정상인 경우 녹색으로 점등된다.
③ 전압계가 있는 경우 정상이면 22~24V를 가리킨다.
④ 도통시험 확인등이 있는 경우 단선인 경우 적색으로 점등된다.

정답 ③

해설
전압계가 있는 경우 정상이면 4~8V를 가리킨다.

35

자동화재탐지설비의 예비전원시험에 대한 내용으로 옳지 않은 것은?

① 예비전원 시험스위치를 누르고 있을 경우에만 시험 가능하다.
② 전압계인 경우 정상이면 14~28V를 가리킨다.
③ 램프방식인 경우 정상이면 녹색등이 점등된다.
④ 예비전원의 전압 및 상호 자동절환이 정상인지 확인한다.

정답 ②

해설
전압계인 경우 정상이면 19~29V를 가리킨다.

36

다음 전압계가 있는 수신기의 도통시험 결과와 각 층의 동작시험에 따른 음향장치의 음량 크기를 측정한 점검결과에 대한 설명으로 옳지 않은 것은?

〈점검결과〉

경계구역 (층)	수신기 도통시험(V)	수신기 동작시험 시 음량 크기
지하1층	0V	100db
1층	6V	90db
2층	4V	80db

① 지하1층의 도통시험 결과는 불량이다.
② 1층 음향장치의 음량 크기는 정상이다.
③ 2층 음향장치의 음량 크기는 정상이다.
④ 2층의 도통시험 결과는 정상이다.

정답 ③

해설
2층 음향장치의 음량 크기는 80db로 기준치인 90db 이상에 못 미치므로 불량이다.

37

피난계획수립 절차를 순서대로 알맞게 연결한 것은?

㉠ 피난경로 설정 ㉡ 피난전략 수립
㉢ 피난유도   ㉣ 집결지
㉤ 피난약자 파악등

① ㉠ → ㉡ → ㉤ → ㉢ → ㉣
② ㉠ → ㉡ → ㉢ → ㉤ → ㉣
③ ㉡ → ㉠ → ㉤ → ㉢ → ㉣
④ ㉡ → ㉤ → ㉠ → ㉢ → ㉣

정답 ④

해설
피난계획수립 절차는 ㉡(피난전략 수립) → ㉤(피난약자 파악등) → ㉠(피난경로 설정) → ㉢(피난유도) → ㉣(집결지) 순으로 한다.

▶ 피난계획수립 절차

절차	내용
피난전략 수립	화재상황별 적합한 피난전략 수립 및 결정
피난약자 파악등	피난약자 유형 및 인원 파악 등 적합한 피난계획 사전 수립 및 훈련
피난경로 설정	화재 시 피난경로를 사전에 설정 및 피난훈련 실시
피난유도	화재 시 신속한 피난유도를 위한 전략적 피난방법 결정
집결지	피난 시 집결 장소 사전 지정 및 식별 조치

38

다음 소방대상물의 설치장소별 피난기구의 적응성으로 옳지 않은 것은?
① 공연장 4층에 피난사다리를 설치하였다.
② 노유자시설 5층에 미끄럼대를 설치하였다.
③ 다중이용업소 4층에 완강기를 설치하였다.
④ 교육연구시설 3층에 미끄럼대를 설치하였다.

정답 ②

해설
① 그 밖의 것에 해당하는 공연장 4층에는 피난사다리를 설치할 수 있다. 그 밖의 것 4층에는 피난사다리, 구조대, 완강기, 피난교, 피난용트랩, 간이완강기, 공기안전매트, 다수인피난장비, 승강식피난기가 적응성 있는 피난기구에 해당한다.
② 노유자시설 5층에는 미끄럼대를 설치할 수 없다. 노유자시설 4층 이상에는 구조대, 피난교, 다수인피난장비, 승강식피난기가 적응성 있는 피난기구에 해당한다.
③ 다중이용업소 4층에는 미끄럼대, 피난사다리, 구조대, 완강기, 다수인피난장비, 승강식피난기가 적응성 있는 피난기구에 해당한다.
④ 교육연구시설은 그 밖의 것의 적응성에 해당되는데 3층에는 미끄럼대, 피난사다리, 구조대, 완강기, 피난교, 간이완강기, 공기안전매트, 다수인피난장비, 승강식피난기가 적응성 있는 피난기구에 해당한다.

39

자체점검 전 준비사항에 해당하지 않는 것은?
① 협의나 협조 받을 건물 관계인 등 연락처를 사전 확보
② 기존의 점검자료 및 조치결과 있다면 점검 전 참고
③ 음향장치 및 각 실별 방문점검을 미리 공지
④ 점검의 목적과 필요성에 대하여 건물 관계인에게 사전 안내

정답 ②

해설
▶ 자체점검 전 준비 및 현황확인

점검 전 준비사항	㉠ 협의나 협조 받을 건물 관계인 등 연락처를 사전 확보 ㉡ 점검의 목적과 필요성에 대하여 건물 관계인에게 사전 안내 ㉢ 음향장치 및 각 실별 방문점검을 미리 공지
현황확인	㉠ 건축물대장을 이용하여 건물개요 확인 ㉡ 도면 등을 이용하여 설비의 개요 및 설치위치 등을 파악 ㉢ 점검사항을 토대로 점검순서를 계획하고 점검장비 및 공구를 준비 ㉣ 기존의 점검자료 및 조치결과 있다면 점검 전 참고 ㉤ 점검과 관련된 각종 법규 및 기준을 준비하고 숙지

40

유도등을 나타낸 아래 그림을 보고 옳지 않은 것을 고르시오.

| ㉠ | ㉡ | ㉢ |

① ㉠은 통로유도등, ㉡은 피난구유도등, ㉢은 객석유도등이다.
② ㉠은 각각 복도, 거실 및 계단 통로 유도등으로 구분된다.
③ ㉡은 피난구의 바닥으로부터 1m 이하로서 출입구에 인접한 곳에 설치하여야 한다.
④ ㉢은 객석통로의 직선부분의 길이가 43m이면 10개를 설치하여야 한다.

[정답] ③

[해설]

③ ㉡ 피난구유도등은 피난구의 바닥으로부터 **1.5m 이상**으로서 출입구에 인접한 곳에 설치하여야 한다.

▶ 유도등의 설치 높이(㉮㉤⑤)

1m 이하	1.⑤m 이상
복도통로유도등 **계단**통로유도등	**피난㉮**유도등 ㉮**실**통로유도등

④ 객석유도등 설치개수(개)
$$= \frac{객석통로의\ 직선부분의\ 길이(m)}{4} - 1$$
이므로 43÷4−1 = 9.75
∴ 10개를 설치해야 한다.

41

다음 중 소방계획의 주요내용에 대한 내용으로 틀린 것은?

① 소방안전관리대상물에 설치한 전기시설·수도시설·가스시설 및 위험물시설현황
② 화재예방을 위한 자체점검계획 및 진압대책
③ 소방교육 및 훈련에 관한 계획
④ 소방안전관리대상물의 위치·구조·연면적·용도·수용인원 등 일반현황

[정답] ①

[해설]

소방안전관리대상물에 설치한 전기시설·가스시설 및 위험물시설현황이다.

42

다음 대상물의 소방전용 최소 저수량으로 옳은 것은? (아래 제시된 사항 외에는 무시한다. 저수량 산정 시 각 설비별 저수량을 모두 합한 것이다)

- 용도 : 업무시설
- 층수 : 지하 2층, 지상 7층
- 연면적 : 45,000m²
- 소방시설물 설치현황 : 옥내소화전설비, 옥외소화전설비, 스프링클러설비
- 옥내소화전설비 : 각 층마다 5개 설치
- 옥외소화전설비 : 3개
- 스프링클러설비 : 지하층(준비작동식), 지상층(습식), 헤드의 부착높이 5m

① 5.2m³ ② 14m³
③ 35.2m³ ④ 67.2m³

정답 ③

해설

㉠ 옥내소화전설비의 최소 저수량 계산
옥내소화전의 설치개수가 가장 많은 층의 설치개수 N(2개 이상 설치된 경우 2개)×2.6m³이므로 옥내소화전이 각 층마다 5개 설치되어 있어도 저수량은 2×2.6m³ = 5.2m³

㉡ 옥외소화전설비의 최소 저수량 계산
소화전의 설치개수(2개 이상일 때는 2개)×7m³이므로 옥내소화전이 3개가 설치되어 있어도 저수량은 2×7m³ = 14m³

㉢ 스프링클러설비의 최소 저수량 계산
11층 이하의 특정소방대상물인 업무시설이고 헤드의 부착높이가 5m로 8m 미만인 것은 헤드의 기준개수가 10개이다. 설치된 스프링클러설비가 습식, 준비작동식이므로 모두 폐쇄형 헤드이고 30층 미만이므로 저수량은 헤드 기준개수×1.6m³이어서 10×1.6m³ = 16m³

따라서 ㉠+㉡+㉢ = 35.2m³이다.

43

2급 소방안전관리자의 소방계획서 작성항목으로 잘못 연결된 것은?

①	예방	자체점검 및 업무대행
②	대비	자위소방대 조직·운영
③	대응	교육 및 훈련
④	복구	피해복구지원

정답 ③

해설

대응에 해당하는 것은 비상연락, 지휘통제, 초기대응, 피난, 비상대응계획 등이다.

▶ 2급 소방안전관리대상물 소방계획서 작성항목

예방	일반현황, 화재예방, 자체점검 등
대비	위원회, 자위소방대·초기대응체계 구성 및 운영, 교육 및 훈련, 자체평가 및 개선 등
대응	비상연락, 지휘통제, 초기대응, 피난, 비상대응계획 등
복구	복구계획 수립, 피해 복구 및 지원 등

44

자위소방대의 소방활동으로 잘못 연결된 것은?
① 피난유도 – 위험물시설에 대한 제어 및 비상반출
② 초기소화 – 초기소화설비를 이용한 조기 화재진압
③ 비상연락 – 화재신고 및 통보연락 업무
④ 응급구조 – 응급의료소 설치·지원

정답 ①

해설

▶ 자위소방활동

구분	업무특성
비상연락	화재 시 상황전파, 화재신고(119) 및 통보연락 업무
초기소화	초기소화설비를 이용한 조기 화재진압
응급구조	응급상황 발생 시 응급조치 및 응급의료소 설치·지원
방호안전	화재확산방지, 위험물시설에 대한 제어 및 비상반출
피난유도	재실자, 방문자의 피난유도 및 재해약자에 대한 피난보조 활동

45

자위소방대 초기대응체계의 인원편성에 대해 틀린 것은?
① 소방안전관리보조자, 경비근무자 또는 대상물 관리인 등 상시 근무자를 중심으로 구성한다.
② 소방안전관리대상물의 근무자의 근무위치, 근무인원 등을 고려하여 편성한다.
③ 초기대응체계편성 시 2명 이상은 수신반에 근무해야 한다.
④ 휴일 및 야간에는 무인경비회사와 비상연락체계를 구축할 수 있다.

정답 ③

해설

초기대응체계편성 시 **1명** 이상은 수신반에 근무해야 한다.

46

2023년 소방시설 작동점검을 실시하여 A~C실의 분말소화기 점검결과가 아래 표와 같을 때 점검표를 올바르게 작성한 것은?

	A실	B실	C실
압력상태	0.7MPa	0.8MPa	0.9MPa
제조연월	2010.4	2020.7	2015.3

[작동점검표]

번호	점검항목	점검결과
1-A-007	• 지시압력계(녹색범위)의 적정여부	(ⓐ)
1-A-008	• 수동식 분말소화기 내용연수(10년) 적정여부	(ⓑ)

	ⓐ	ⓑ
①	○	×
②	○	○
③	×	○
④	×	×

정답 ①

해설

ⓐ 분말소화기 지시압력계의 적정범위는 0.7~0.98MPa이므로 A, B, C실 소화기 모두 양호(○)하다.

ⓑ A실 소화기의 경우 제조년월이 2010.4이므로 분말소화기 내용연수 10년을 넘었으므로 불량(×)이다. 제품을 교체하거나 성능검사에 합격하여야 한다.

47

다음 〈그림〉과 같은 장소에 차동식 스포형 감지기 2종을 설치하는 경우 최소 감지기 소요개수는? (단, 주요구조부는 내화구조이고, 설치높이는 5m이다)

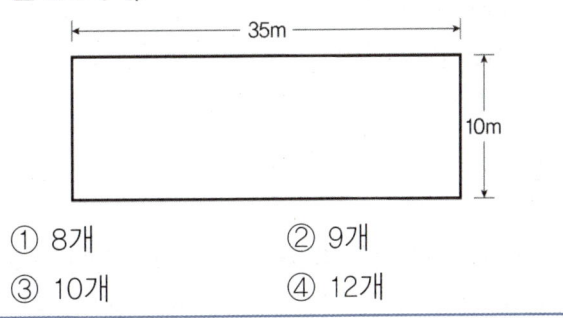

① 8개
② 9개
③ 10개
④ 12개

정답 ③

해설

㉠ 감지기의 설치면적 = 35m × 10m = 350m²

㉡ 주요구조부가 내화구조이고 설치높이가 4m 이상 8m 미만인 경우 차동식 스포트형 2종의 설치유효면적은 35m²

따라서 350m² ÷ 35m² = 10개

따라서 최소 감지기 소요개수는 10개이다.

48

화상 환자 이동 전 조치사항으로 틀린 것은?

① 화상부위를 흐르는 물에 식혀준다.
② 옷가지가 피부조직에 붙어 있을 때에는 옷을 잘라낸다.
③ 식용기름을 바르는 일이 없도록 한다.
④ 소독거즈로 화상부위를 덮어준다.

정답 ②

해설
화상환자가 착용한 옷가지가 피부조직에 붙어 있을 때에는 옷을 잘라내지 말아야 한다.

49

성인심폐소생술에 대한 설명으로 옳지 않은 것은?

① 가슴 압박은 성인에서 분당 100~120회의 속도로 한다.
② 가슴 압박은 5cm 깊이로 강하고 빠르게 시행한다.
③ 양팔을 쭉 편 상태로 체중을 실어서 환자의 몸과 수직이 되도록 가슴을 압박하고, 압박된 가슴이 완전히 이완되지 않도록 주의한다.
④ 심폐소생술은 환자가 회복되거나 119구급대가 현장에 도착할 때까지 지속되어야 한다.

정답 ③

해설
양팔을 쭉 편 상태로 체중을 실어서 환자의 몸과 수직이 되도록 가슴을 압박하고, 압박된 가슴이 **완전히 이완되도록 한다.**

50

다음 소방교육 및 훈련의 원칙 중 〈보기〉에 해당하는 것은?

〈보기〉
- 교육의 중요성을 전달해야 한다.
- 전문성을 공유해야 한다.
- 교육에 재미를 부여해야 한다.

① 학습자 중심의 원칙
② 실습의 원칙
③ 경험의 원칙
④ 동기부여의 원칙

정답 ④

해설
〈보기〉에서 설명하는 것은 동기부여의 원칙이다.

서울고시각

자격시험 및 평가 답안지

종목		
유형	Ⓐ Ⓑ Ⓒ Ⓓ	
일자		
성명		

수험번호

0	1	2	3	4	5	6	7	8	9
0	1	2	3	4	5	6	7	8	9
0	1	2	3	4	5	6	7	8	9
0	1	2	3	4	5	6	7	8	9
0	1	2	3	4	5	6	7	8	9
0	1	2	3	4	5	6	7	8	9

감독확인

▲ 상단 바코드 훼손에 주의함니다.

문항	정답 (1~10)	문항	정답 (11~20)	문항	정답 (21~30)	문항	정답 (31~40)	문항	정답 (41~50)
1	① ② ③ ④	11	① ② ③ ④	21	① ② ③ ④	31	① ② ③ ④	41	① ② ③ ④
2	① ② ③ ④	12	① ② ③ ④	22	① ② ③ ④	32	① ② ③ ④	42	① ② ③ ④
3	① ② ③ ④	13	① ② ③ ④	23	① ② ③ ④	33	① ② ③ ④	43	① ② ③ ④
4	① ② ③ ④	14	① ② ③ ④	24	① ② ③ ④	34	① ② ③ ④	44	① ② ③ ④
5	① ② ③ ④	15	① ② ③ ④	25	① ② ③ ④	35	① ② ③ ④	45	① ② ③ ④
6	① ② ③ ④	16	① ② ③ ④	26	① ② ③ ④	36	① ② ③ ④	46	① ② ③ ④
7	① ② ③ ④	17	① ② ③ ④	27	① ② ③ ④	37	① ② ③ ④	47	① ② ③ ④
8	① ② ③ ④	18	① ② ③ ④	28	① ② ③ ④	38	① ② ③ ④	48	① ② ③ ④
9	① ② ③ ④	19	① ② ③ ④	29	① ② ③ ④	39	① ② ③ ④	49	① ② ③ ④
10	① ② ③ ④	20	① ② ③ ④	30	① ② ③ ④	40	① ② ③ ④	50	① ② ③ ④

작성시 유의사항

1. 필기구는 검정색 수성싸인펜, 볼펜 등을 사용하여 보기와 같이 바르게 표기 하시기 바랍니다.
   ※ 붉은색 필기도구는 사용불가합니다.(예:빨간색 금지) / (바른표기) ● 틀린표기 ⊘ ⊙ ⊗ ⊙ ⊙)
   ※ 잘못된 기재로 인한 OMR기의 인식 오류는 응시자 책임이므로 주의하시기 바랍니다.
   ※ 상단의 검은색 바코드 부분에는 절대로 낙서하거나 훼손하지 마시기 바랍니다. 답안지란에 표기한 내용은 수정할 수 없습니다.
2. 상단의 검은색 바코드도 훼손에 주의함니다.

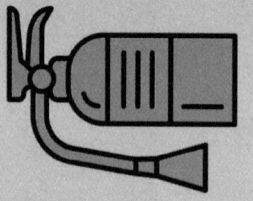

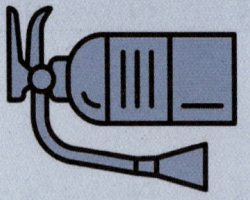

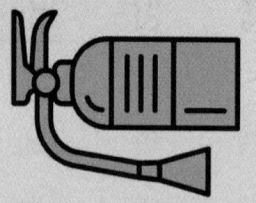

서울고시각 자격시험 및 평가 답안지

OMR 답안지 양식

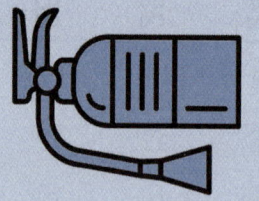

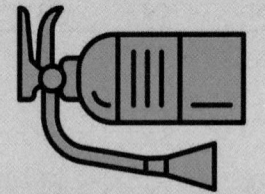